環境評估
系統原理與應用

Environmental Assessment
System Theory and Applications.

陳鶴文 著

自 序

　　環境評估是一門跨領域、整合性課程，它涵蓋了環工、環科、生態、社會、景觀、經濟、法律、行政管理等內涵。完整的環境評估課程涵蓋了系統性的管理思維、整合性的評估工具以及跨領域的議題知識。目前大部分的參考書籍以工具介紹與實務應用為主，為了讓讀者了解環境評估的精神與內涵，本書以系統理論為核心，介紹如何將系統性的管理思維融入環境評估的架構之中。系統思維，是一種整體性、動態性的思維模式，考慮系統單元之間的關聯、互動與回饋機制，系統思考可以協助我們發現問題的根本，看見問題的更多可能性，讓我們在面對複雜系統時看穿問題的表象，避免在決策過程中受困於自己的領域範圍（Territoriality）。

　　環境評估的範圍廣泛，涵蓋理論、工具與實務等不同層面。基本上，環境評估可區分為以環境為對象的環境衝擊評估，以及以組織為對象的環境績效評估。但無論對象為何，都需仰賴系統化的分析程序以及科學化的分析工具。剛接觸環境評估的學生在學習上經常遭遇困難，大多是缺乏環境評估中最核心的系統思維，導致知其然而不知其所以然，陷入了點狀的思考陷阱。為了使讀者了解環境評估的精神與內涵，本書以系統理論為核心、環境影響評估為主軸，介紹如何將系統性管理思維融入環境影響評估的架構之中，同時也說明系統性管理思維如何應用於其他環境評估問題上。本書可作為環境工程、科學及管理各學門大學部及研究所環境評估、規劃與管理課程之教材，由於撰稿匆忙，疏漏之處，在所難免，尚祈各界先進不吝指正。

目錄

chapter *1*

環境評估的精神

第一節　環境評估的內涵

　　環境評估是一門以評估為手段、環境為對象的綜合性學科，若根據評估內容的差異，則又可進一步將環境評估區分成不同類型的問題，如：環境衝擊評估、環境績效評估、環境風險評估以及環境品質評估等。為了說明環境評估的特點與內涵，本文以環境衝擊評估為例，來說明環境評估的內涵、原則、程序與方法，管理者根據問題的特性修正這些內容，便可將它們應用於不同類型的環境評估問題之中。

一、環境

　　所謂環境（Environment）是指某一個中心事物以及與該事物有關的物件與關連所組成的整體。環境因中心事物的不同而有不同的定義。一般我們所稱的環境是以人為中心的環境系統。因此環境通常是指人、自然環境和社會環境所構成的組合（如圖 1.1 所示）。自然環境是指環繞在人類周圍的自然物質，包括大氣、水、土壤、生物和各種礦物資源等。自然環境是人類賴以生存和發展的物質基礎；社會環境是指人類在自然環境的基礎

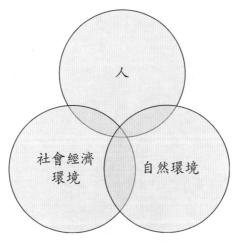

圖 1.1　環境的組成（陳章鵬，1990）

上，經過長期性、計畫性、有目的性的發展所逐步建立起來的人工環境，如實體的城市、農村、工礦區以及非實體的經濟規律與社會規律。一般而言，「環境」有狹義與廣義兩種定義方式，狹義的環境指的是「已發生汙染問題的自然環境」，這裡所指的環境範圍較小、汙染問題也較為單純，這類問題常根據自然環境的特徵進行簡易的分類，比如廢棄物管理、水質管理、空氣品質管理等。廣義的環境，則以「人」為中心將所有會影響人正常生活的因素納入環境系統之中，以我國環境基本法為例，它將環境定義為「影響人類生存與發展之各種天然資源及經過人為影響之自然因素總稱，包括陽光、空氣、水、土壤、陸地、礦產、森林、野生生物、景觀及遊憩、社會經濟、文化、人文史蹟、自然遺蹟及自然生態系統」，環境基本法中所定義的環境實際上包含了「人」以及他們所處的「自然環境」以及「社會經濟環境」（如圖 1.2 所示）。因此廣義來說環境評估的範疇應包含「公害問題的預防」、「自然資源的有效管理」以及「社會經濟環境的

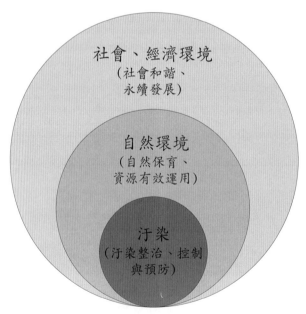

社會、經濟環境
（社會和諧、
永續發展）

自然環境
（自然保育、
資源有效運用）

汙染
（汙染整治、控制
與預防）

圖 1.2　環境的定義與他們面臨的問題

持續發展」等三個面向。實務上,管理者會根據評估問題的類型與評估的目的,選擇不同的評估範疇、評估項目與評估工具以進行各項的評估作業。

二、環境衝擊

所謂環境衝擊(Impact)是指「有計畫」及「無計畫」的情況下環境特徵(如:環境品質)的變化。環境衝擊大致上可以區分成直接衝擊與間接衝擊兩種,直接衝擊比較容易量測與推估,在某些複雜系統(如:社會、經濟與生態系統)中,常會發生衝擊延遲(Impact time delay)的現象,而非線性響應所造成間接性衝擊在評估過程中也不能被忽視,目前對於這類複雜系統的評估,尚缺乏有效的評估工具,因此不容掌握真實的環境衝擊量,面對這類型的問題,評估必須更加謹慎,在時間與經費允許的情況下應延長評估期。

從時間的角度來看,一般的環境影響評估將開發行為對環境的影響區分成規劃期、施工期與營運期三個階段,但若從生命週期評估(Life cycle assessment, LCA)的觀點來看,環境衝擊應加入第四個階段,亦即廢棄階段(如圖 1.3 所示)。必須注意的是,同一個開發行為,在不同的階段中,會產生不同的環境衝擊內容,除了衝擊大小的差異外,衝擊的對象、衝擊的項目以及衝擊的方式也會有所不同。以興建焚化爐為例:規劃設計階段,徵地、購地以及居民對健康風險的疑慮會對周圍居民產生的社會、經濟衝擊;施工期間營建工程所帶來的粉塵、交通和噪音問題;營運期間可能產生的空氣汙染問題;廢棄階段可能延伸的拆除與再利用問題。每一個階段所影響的項目與對象都不盡相同,而進行環境影響評估作業時,則須考慮每一個階段對環境可能造成的衝擊進行預防、風險溝通、工程控制與稽核管理。

從空間的角度來看,決策者也必須從空間的角度來分析該開發方案

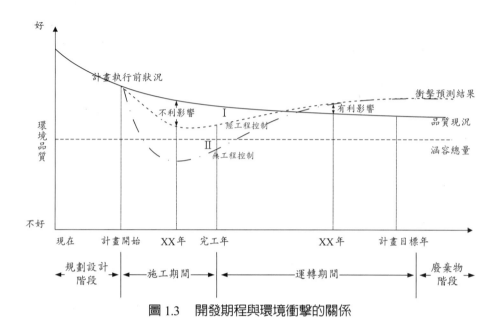

圖 1.3　開發期程與環境衝擊的關係

（或政策）影響的空間範圍以及最大衝擊量的位置（Hot spot）。主要的目是為了了解受影響的範圍，以及這個範圍內受影響對象，若受影響的對象是敏感族群，則需進一步強化衝擊預防與減輕方案。事實上，開發方案的區位選擇非常重要，在缺乏涵容能力或擴散條件不良的區位進行開發時，汙染熱區的問題會是一個相當棘手的環境管理問題。為了視覺化展示某一個政策或開發方案所造成的熱區現象，具有空間分析能力的工具，如：地理資訊系統（Geography information system）、遙感探測（Remote sensing）、空間統計（Spatial statistics）以及環境模擬模式常被用來進行衝擊量的評估工作（如圖 1.4～圖 1.7 所示）。以圖 1.4 為例，在地理資訊系統的協助下，環境衝擊量可以透過顏色來展示它的強度與影響範圍，這樣以視覺化的方式量化環境衝擊量，將有助於決策者了解環境現況以及開發方案可能帶來的環境衝擊，也可協助決策者進一步擬定相對應的減輕方案或評估減輕方案的效果。

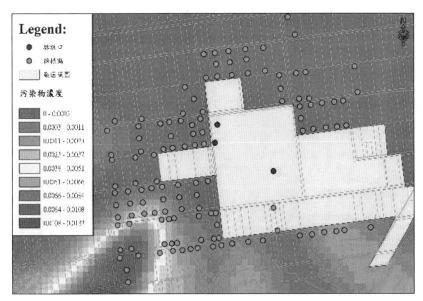

圖 1.4　地理資訊系統

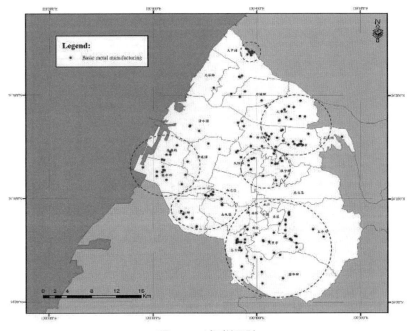

圖 1.5　遙感探測

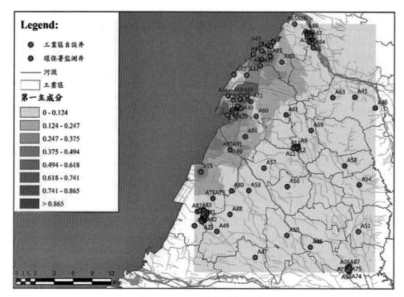

圖 1.6　環境模擬模式

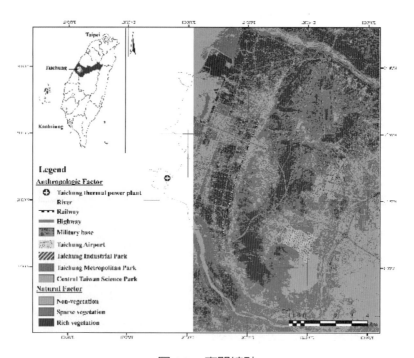

圖 1.7　空間統計

第二節　環境影響評估沿革

　　爲了解決日益嚴重的環境公害問題，美國於 1969 年通過《國家環境政策法》，寄望取代過去消極的管末處理方式，以積極、主動的預警原則（Precautionary principle）處理並預防公害問題。在國家環境政策法的第一至三節中規範了 (1) 環境影響評估（Environmental impact assessment, EIA）的評估程序；(2) 確定環境影響評估的方法，以及可量化與非計量的評估技術；(3) 製作環境影響說明書及報告書的內容規範。亦即期望利用系統化的評估程序、科學化的評估方法以及標準化的文件製作，來確保評估結果的可靠性。和環境衝擊評估一樣，所有的環境評估問題都強調評估程序的完整性、評估工具的正確性，爲了使分析結果更具可靠性，系統性與科學性的分析程序是必要的手段。由美國國家政策法所延伸的環境影響評估架構，它強調以永續發展原則、預防原則、民眾參與原則以及調和原則，來了解政策與開發行爲對環境的衝擊，利用擬定各項的替代方案與防治策略，以預防性的措施來解決政策或開發行爲對環境可能的衝擊，這項法案奠定了環境影響評估的基礎架構。在這項法案公布之後，世界各國也陸續依據各自的國情，賦予環境影響評估不同的功能角色，採取了不同的環評架構。表 1.1 爲國際上已實施環境影響評估的國家，他們推動的時間、法規依據、特色及強制性、程序特色及複雜度、環境影響評估報告的特色、技術要求、環境影響評估的審查機制以及公眾參與的程度。雖然不同的國家採取了不同的環評架構，但最根本的目的都是希望以預防性的手段來減少開發行爲可能帶來的環境傷害。

　　我國於 1975 年首度引入環境影響評估的概念，經過長時間的討論後，於 1994 年正式公布實施的環境影響評估法，環境影響評估制度發展的歷程如表 1.2 所示，我國的環境影響評估法採用二階段的評估方式，第一階段的環境影響評估，由開發單位提交「環境影響說明書」後進行環評

表 1.1　各國環境影響評估制度比較各國環境影響評估制度比較

	推動時間／法規依據／特色及強制性	程序特色及複雜度	環境影響評估報告之特色、技術	環境影響評估審查	公眾參與程度
美國	（1969 年）國家環境政策法位於聯邦政府計畫及方案中，具高強制性但各州執行之嚴謹度不同	程序完整，但需較長時程	要求完整、內容明確，包括替代方案、減輕對策、但缺乏後續衝擊之監測	美國環保署對環境影響評估報告之審查並無否決權，但意見具有影響力	較高
英國	（1988 年）列於城鄉計畫法中，但環評之程序能獨立於城鄉計畫之外	程序完整，但複雜度高	對於報告內容要求較缺乏明確之標準，且替代方案之評估較缺乏	地方政府具環境影響評估審查之否決權，但開發單位、民眾、團體如對審查結果不服，可向環境部申訴	普通
法國	（1976 年）列於自然保育法中	程序簡單	環評書件中要求簡單，以查核表爲主，欠缺替代方案之評估，其特色爲輔以保限制度	目的事業主管機關審查主體，環保機關非審查機關	普通
荷蘭	（1986 年）列於環境管理法中，爲協助計畫之決策工具	程序完整，但複雜度高	要求完整、內容明確，由其替代方案之評估最爲詳盡	目的事業主關機關爲決策機關，但環境影響評估委員會對於報告審查及具影響力	程序含括公眾審查，公眾參與程度高
加拿大	（1972 年）環境評估法，爲專有法律，具高度強制力	程序完整但複雜（成立專責環境評估審查機構負責程	要求完整、內容明確，其中範疇界定之程序爲其評估作	權責機關負責審查，但如有進一步要求，則由環境評估	程序含括公眾審查，公眾參與程度高

表 1.1　各國環境影響評估制度比較各國環境影響評估制度比較（續）

	推動時間／法規依據／特色及強制性	程序特色及複雜度	環境影響評估報告之特色、技術	環境影響評估審查	公眾參與程度
		序、技術研究及相關作業）	業特	審查機構及環境評估審查委員會負責審查	
台灣	（1979 年）**環境影響評估法**，為專有法律，具高度強制力且具計畫之否決權	程序完整，操作方式單純	要求完整、內容明確，但第一階段環評作業欠缺強制性之範疇界定程序	由環保機關之環境影響評估審查委員會負責審查，審查結果具強制力及否決權	分兩階段（一階環評）公眾參與程序簡單（二階環評）公眾參與程序完整
日本	（1972 年）依據環境影響評價法、環境影響評、價實施要綱、環境影響評價條例（地方政府自訂）	無程序，以編制並公告環境影響評估方法書之方式進行	強調資訊公開，故資訊公開的時間、方法及程序接受法令約束。	由開發單位完成環境影響評價準備書後，再由地方透過地方公報與報紙通知居民，並於 30 日後舉行公開說明會，並提環評書送主管機關審查	法令規定民眾參與為 EIA 的必要程序
歐盟	（1985 年）環境影響評估指令	主要由歐盟法規篩選評估對象，各會員國則可依國情或定行為增訂之	由開發機關或主管機關決定所需資訊及調查範圍，在決定重大影響、繼續調查、後續審查後，提出 EIA 報告書草案	多數會員國成立委員會會諮詢小組進行環評調查，跨國區域則透過協商決議審查方式	較高（多數會員國規定公眾參與為 EIA 之必要程序）

參考資料：余騰耀，2007。

表 1.2 我國環境影響評估制度發展概況

主要目標	年份	策略與法規	內容概述
環保優先 環評制度最初著重於自然環境品質	1975 年	經設會（經建會前身）首度將美國的環評制度加以譯介，並刊載於自由中國之工業第四十四卷第六期。	
	1978 年	行政院第一次科技會議提出環境影響評估之概念。	
	1979 年	行政院院會提案通過研議環境影響評估制度建立之可行性	
綜合發展 開始重視社會及經濟面的衝擊，並視為環境影響評估的一部分	1980 年	行政院試行「台灣北部沿海工業區環境影響評估示範計畫」；台灣省政府訂定《台灣省政府推行環境影響評估制度要點》。	
		衛生署執行「大園工業區環境影響評估計畫」。	
		行政院第 1692 次院會指示：請有關部會及省市政府擇重大計畫試辦環評，並應於規劃階段列預算辦理。	
	1983 年	衛生署提出第一件《環境影響評估法草案》，但因經建會反對而遭退回重新修訂。	
		行政院第 1854 次院會指示：評估法改以方案方式重新報院；今後政府重大經建計畫、開發觀光資源計畫、以及民間興建可能汙染環境之大型工廠時，均應事先做好環境影響評估工作，再行報請核准辦理。	
	1985 年	三階段推動環評制度 ・第一階段（1985～1990）：「加強推動環境影響評估方案」，為五年期的試辦性方案。 ・第二階段（1991～1994）：「加強推動環境影響評估後續方案」，1994 年通過「環境影響評估法」，並於 1994 年 12 月 30 日公布施行。 ・第三階段（1995～）	
制度整合 有效利用整合性環境管理制度，使環評的各個階段都能達到「透明、可信賴、共識決策」的目標	1994 年	公布「環境影響評估法」	第四條及第二十六條為政策環評制度訂立法源依據
	1997 年	公告「政府政策環境影響評估作業要點」	訂立 10 類政府政策研提機關於政策報請行政院核定時應檢附評估說明書應徵詢中央主管機關意見

表 1.2　我國環境影響評估制度發展概況（續）

主要目標	年份	策略與法規	內容概述
跨政策層級 從計畫層級擴大到透過政策環評（SEA）進行政策及方案的環境評估	1998 年	公告「政府政策環境影響評估作業規範」	訂定政策評估說明書之書件內容、評估內容、項目與方法
		公告「應實施環境影響評估之政策細項」	訂定應實施政策評估政策細項
	2000 年	停止適用「政府政策環境影響評估作業要點」	由「政府政策環境影響評估作業辦法」取代
		發布「政府政策環境影響評估作業辦法」	訂立 10 類政府政策研提機關於政策報請行政院核定時應檢附評估說明書，且該說明書應徵詢中央主管機關意見
	2001 年	第一次修正「應實施環境影響評估之政策細項」	
		第一次修正「政府政策評估說明書作業規範」	
	2002 年	第二次修正「政府政策評估說明書作業規範」	
	2006 年	第二次修正「應實施環境影響評估之政策細項」	新增能源密集基礎工業政策
		第一次修正「政府政策環境影響評估作業辦法」	鼓勵中央目的事業主管機關或政策研提機關對於認有影響環境之虞的政府政策辦理政策環境影響評估
	2007 年	第三次修正「政府政策評估說明書作業規範」	新增替代方案分析方式、評估項目

審查，若環境影響評估委員會認定開發行為對環境無顯著影響，則僅需於開發前舉行公開說明會即可，如果審查結論認定開發行為將對環境造成重大影響，便需進入第二階段的環評作業，此時開發單位就要負責將環境影響說明書分送相關機關，並在開發場址附近適當地點陳列或揭示 30 天以上，同時於新聞媒體刊載相關事項。規定的陳列或揭示期滿後，還要舉行公開說明會，參酌相關機關、學者、專家、團體及當地居民所提意見，編製「環境評估報告書」初稿，並舉辦聽證會，最後再一併提交環保主管機關審查。環境影響評估主要的目的是評估開發行為對環境可能造成的衝擊，其內涵應包含環境現況的評估、環境衝擊的預測以及環境衝擊減量等三個主要內容。事實上，環境影響評估是一種綜合性的評估架構，它需要整合環境監測、實驗分析、工程設計與綜合管理等技術，它的精神與技術內容可以廣泛的應用於環境現況評估、環境設施選擇、環境政策評估、汙染減量與品質維護等環境規劃與管理的問題上。

第三節　環境影響評估的主要精神

　　跟一般的決策程序一樣，環境影響評估是一種系統化與科學化的過程，從資料的生產規劃、資料生產的品保作業、資料的儲存、資料的分析、資料的應用與文件的產生，每一個階段都應該以科學化與系統化的方式進行，以確保環境影響評估結果的正確性與合理性。因此無論各國採用的是簡易或繁瑣的環境影響評架構，都會針對評估的程序、評估的技術以及文件撰寫進行一定的要求與規範。為此，行政院環保署定義了一系列的法律與規範，來確保程序的完整性以及技術、資料的正確性，相關環評法律與規範的型態、名稱以及立法目的整理如表 1.3 所示。制定法律與規範的目的是為了確保環境影響評估程序的正確執行、規範相關利害關係人的權利與義務以及建立監督與審查的機制，以下就針對評估程序、評估技術

表 1.3　環評法規與目的

型態	名稱	目的
法律	環境影響評估法	為預防及減輕開發行為對環境造成不良影響，藉以達成環境保護之目的。
法規命令	環境影響評估法施行細則	劃定中央主管機關在環境影響評估之政策研擬、計畫研訂、專業人員訓練、環評宣導、國際合作、審查環評說明書等的權責範圍。
	行政院環境保護署環境影響評估審查委員會組織規程	a. 關於目的事業主管機關轉送環境影響說明書或環境影響評估報告書初稿、環境影響差異分析報告之審查。 b. 關於環境現況差異分析及對策檢討報告、環境影響調查報告書及其因應對策之審查。 c. 關於有影響環境之虞之政府政策環境影響評估事項之審查。 d. 依環境影響評估審查結論要求開發單位另行提報書件之審查。
	開發行為應實施環境影響評估細目及範圍認定標準	工廠設立、國家重要濕地等園區之開發、道路之開發、鐵路之開發、大眾捷運系統之開發等相關法令所未禁止之開發行為，其應實施環境影響評估之細目及範圍。
	開發行為環境影響評估作業準則	依「開發行為應實施環境影響評估細目及範圍認定標準」製作。
	環境影響評估書件審查收費辦法	各類環境影響評估書件之審查、預審會議及諮詢會議，依表定費額收取審查費。
	政府政策環境影響評估作業辦法	工業政策、礦業開發政策、水利開發政策、土地使用政策、能源政策、畜牧政策、交通政策、廢棄物處理政策、放射性核廢料之處理政策等有影響環境之虞者，應實施環境影響評估。
	軍事秘密及緊急性國防工程環境影響評估作業辦法	開發行為涉及軍事秘密或緊急性國防工程之環境影響評估作業，須依規定辦理。
	違反環境影響評估法按日連續處罰執行準則	主管機關依本法所為限期改善之行政處分，應以書面記載「處分事由、應改善事項、改善期限」等事項，以利暫停或進行連續處罰。

規範以及報告書內容規範進行說明：

一、評估程序

　　從美國國家政策法的內涵可以發現，環境影響評估制度是希望透過科學化、程序化與標準化的方式來估算各種開發方案的環境衝擊，因此環境影響評估制度中詳細規範了開發方案從計畫、審查、執行與查核的流程，以及流程中各步驟應遵守的規範。圖 1.8 為我國環境影響評估的程序，因為環境影響評估涉及的利害關係者（Stakeholders）眾多，因此環境影響評估的制度設計希望讓開發單位、目的事業主管機關、環保主管機關、專家學者以及民眾共同參與環境影響評估的決策過程。同時，為了簡化環評作業，避免環評案件的審查過於冗長而影響重大開發方案的進行，現行的

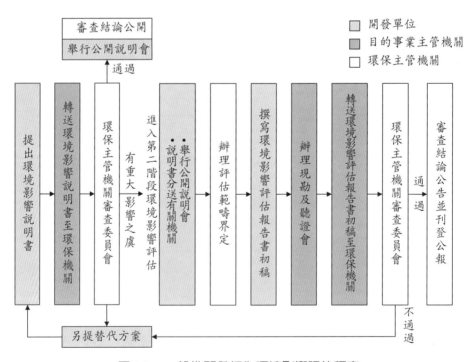

圖 1.8　一般性開發行為環境影響評估程序

環評審查分成兩個階段進行並建立了對應的篩選機制（如圖 1.8 所示）。例如頒布「開發行爲應實施環評細目及範圍認定標準」利用開發行爲的特性、規模以及開發行爲所在的開發區位，判定開發案是否應進行環境影響評估，若認定開發案應進行環評審查則分成兩階段進行，其目的是希望對環境衝擊較小的開發方案，在擬定合適的替代方案或減輕方案後可快速通過並進行開發，而對於有重大環境影響之虞的開方案則進入第二階段環評進行更審慎的評估作業。其目的是利用程序化作業流程將整個環境影響評估作業標準化，減少過程中可能產生的疏失。而從圖 1.8 所示的環評審查程序中，可以發現目前環境影響評估制度包含了以下幾項精神：

1. 民眾參與：當地居民對開發行爲有參與之權利（但緊急性及軍事機密國防工程例外），即開發行爲有辦理環境影響說明書公眾閱讀並舉辦公開說明會之義務，目的事業主管機關亦須辦理公聽會，環保主管機關之審查則應公開化。

2. 事先預防：維護環境保護的程序正義，即未經環保主管機關完成審查前，目的事業主管機關不得進行開發行爲。

3. 開發承諾：強調環境影響說明書、環境影響評估報告書等文件的法律性，其內容視同開發單位的承諾，應負履行之責任，否則將受處分。

4. 開發否決：環境影響評估審查具有否決開發計畫的權利；即審查結果判定開發行爲對環境有嚴重不良影響，就應予否決，以維環境品質。

5. 強化監督：對於環境影響評估法施行前，開發行爲業經環保主管機關完成審查者，應追溯其履行環境影響說明書或環境影響評估書的承諾。

6. 政策環境評估：擴大環境影響評估範圍，將政府政策納入，對於有影響環境之虞之政府政策，應實施環境評估，以利於政策決策

過程充分考量環境因素。

7. 確立程序：確立環境影響評估審查及各項作業流程之時限。

8. 違反者之處罰：環境影響評估法之行政罰鍰爲新台幣 30 至 150 萬元，經限期不改善，得按日連罰，情節重大並予勒令停工；不遵行停工或文書故意不實者將遭刑法處分。

當環境影響評估說明書（或環境影響評估報告書）通過審查時，開發方案便可以依據書件中的內容進行開發。由於環境影響評估說明書（或環境影響評估報告書）被視爲是一種契約行爲並具有法律效力。當開發單位欲修正書件內容或調整開發規模或施工方式時，也必須依據一定的程序進行（如圖 1.9 所示）。在這個程序中，除了針對開發量體、施工方法、環境保護措施進行規範外，同時爲了避免開發案在審查通過後三年內仍未進行開發，而周圍的環境已產生明顯的變化，也可要求進行差異分析或重新辦理環評作業。這樣的程序規範，讓環境影響評估的作業系統化，也使管理者可根據每一個程序的實際需求擬定必要的作業規範，避免錯誤的產生。

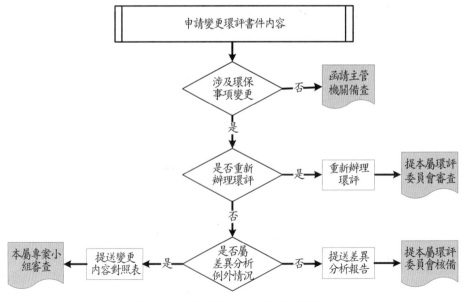

圖 1.9　環境影響評估書件變更程序

二、評估技術規範

　　環境影響評估的範疇涵蓋環境、經濟與社會面向，開發行爲對不同面向所造成的衝擊反應在時間與空間上都不相同，對於社會和經濟面向而言，衝擊經常是無法量化也無法立即量測的，因此除了計量工具外，非計量的評估技術也是非常重要的。爲了增加評估結果的合理性與正確性，資料生產與資料應用的規範便顯得十分重要。

1. 資料生產計畫的規範

　　爲了符合美國國家標準協會（ANSI）於 1994 年頒布之「環境資訊收集與環境技術之品質系統之說明與指引（Specifications and guidelines for quality systems for environmental data collection and environmental technology programs）」，美國環保署頒布了一個有關於環境資訊品質之法案，即 EPA Order 5360.1 A2，強制性要求 EPA 及其所屬單位建立品質系統（Quality system），以確保決策及相關環境計畫有適當格式及品質的資訊可以支援。美國環保署（USEPA）將環境品質系統區分成政策（Policy）、組織／計畫（Organization/Program）及專案（Project）等三個層次之架構，分別說明品質政策及相關法規、組織如何執行及管理各品質系統以及如何管理相關要件。資料品質目標（Data quality objectives, DQOs）屬於品質系統架構中的專案層級（如圖 1.10 所示），專案層級主要包含計畫（DQOs）、執行與管制（如：Quality assurance project plan, QAPP 與 Standard operation procedure, SOP）以及評估（如：Data quality assurance, DQA）等三個部分。

　　爲了確保資料的代表性與準確性，我國也擬定了各種的技術規範用以確保環境資料的品質。以水體介質爲例，行政院環保署以河川、湖泊及水庫採樣通則，採樣通則規範了河川、水庫、水井等水體水質的監測方法，例如：依據河川的水深與河寬進行分層與多點採樣（如圖 1.11 所示）。同樣的，水庫水體必須分爲表水層（水面下 0.5 公尺處）、中層（水

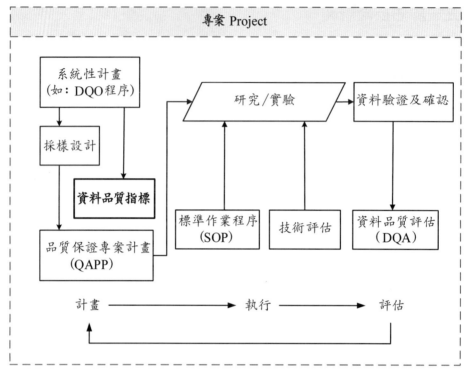

圖 1.10　美國資料品質系統專案層級的資料生產架構

深之中間處採 1 點或 2 點）及底層（底床上 1 公尺處）進行分層採樣。同時，環境保護署亦於民國 102 年公告土壤採樣方法（NIEA S102.62B）規範了土壤採樣的技術細節，將採樣方法區分成主觀判斷採樣（Judgmental sampling）、簡單隨機採樣（Simple random sampling）、分區採樣（Stratified sampling）、系統及網格採樣（Systematic and grid sampling）應變叢集採樣（Adaptive cluster sampling）混合採樣（Composite sampling）（如圖 1.11 所示）。無論是美國環保署的品質系統或是國內的採樣與品保規範，他們的目的都是爲了確保評估資料的正確性。

2. 模式應用規範

行政院環保署除了對資料生產進行規範外，也對資料分析的工具進行

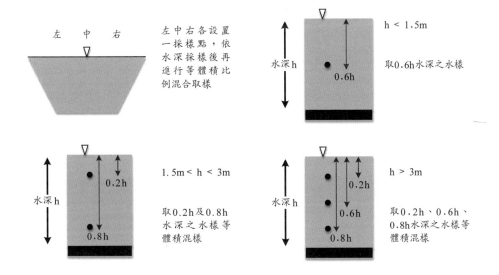

註：若河寬 < 6m 時，則僅於河川斷面中央處設置一採樣點，並依水深進行採樣

圖 1.11　河川水體採樣位置示意圖

(行政院環保署河川、湖泊及水庫水質採樣通則，2005)

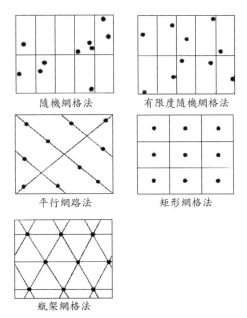

圖 1.12　網格定點採樣示意圖

規範，用來增加分析結果的可信度，例如根據「空氣品質模式評估技術規範」的內容，行政院環保署將空氣品質模式區分成擴散模式、數值模式、實體模式（如：風洞實驗）以及統計模式（如：受體模式）等四類，不同類別的模式都有資料量、精確度運算時間以及理論上的限制（如表 1.4 所示），因此為了避免因選用錯誤模式所造成的誤差，行政院環保署建議在

表 1.4　水質模式與適用條件

模式名稱	模式適用條件
質量平衡公式	・承受水體：排水路、缺乏水理資料的小型河川 ・放流水：放流水水量小於承受水體設計流量的百分之十 ・汙染源：點源、非點源
BASINS （HSPF+QUAL2E）	・承受水體：自來水水質水量保護區、 ・汙染源：點源、非點源 ・汙染物屬性：沉積物（SS）*、有機物（BOD）*、營養鹽（NH_3-N, TP）*
HSPF	・承受水體：位於自來水水質水量保護區 ・汙染源：非點源 ・汙染物屬性：沉積物（SS）*、有機物（BOD）*、營養鹽（NH_3-N, TP）*
QUAL2E/QUAL2K	・承受水體：屬於為甲類、乙類及丙類水體河川 ・汙染源：點源 ・汙染物屬性：有機物（BOD）*、營養鹽（NH_3-N, TP）*
SWMM	・承受水體：不拘 ・放流水：工廠或工業區地表逕流 ・汙染源：非點源 ・汙染物屬性：沉積物（SS）*、有機物（BOD）*、營養鹽（NH_3-N, TP）*
WASP	・承受水體：屬於為甲類、乙類及丙類水體河川 ・汙染源：點源 ・汙染物屬性：有機物（BOD）*、營養鹽（NH_3-N, TP）*

*：括弧中僅列舉部分汙染物項目，非模式限制項目。

考慮模式用途目標、模擬區域的氣象與地形特性、開發行為的特性以及模式的理論限制等因素下選用適當的空氣品質模式。同樣的，行政院環境保護署也於民國 100 年公告「環境影響評估河川水質評估模式技術規範」，建議使用河川水質模式進行河川水質評估時應根據模擬區域其水文及流域特性、開發行為及區域環境的特性以及水質模式的限制條件進行模式的選擇，該規範建議的模式與模式的適用時機如表 1.5 所示。這類模式使用規範的目的，即希望透過標準化的分析程序，避免因模式選擇錯誤造成的分析誤差。

三、報告書內容規範

　　從投入與產出的系統決策觀點來看，正確的決策分析必須建立在正確的資料投入以及合宜的資料分析過程，而系統化的展現則有助於分析成果的呈現與審查。因此為了建立標準化的環評書件，環境影響說明書或環境影響報告書的製作也應採用標準化的方式進行。基本上說明書／報告書的內容包含十個重要章節（如表 1.6），一至四章說明開發方案的負責人、說明書／報告書撰寫者等相關資訊，作為後續追蹤、查核、處分時的參考依據。第五章開發行為之目的及內容，主要包含開發行為的目的、開發規模、原物量的使用狀況、施工方法以及施工期程規劃等內容；第六章開發行為影響範圍的相關計畫及環境現況，主要在描述開發區位的環境條件，理論上環境影響評估不應該採取個案審查，而是要從區域性（或全國性）的角度一起針對即將開發、正在開發中的方案進行綜合分析，因此第六章的內容須包含：開發方案臨近區位的環境現況說明以及計畫區域內相關的重大開發方案的描述，而相關計畫的判定則應以開發行為的內容來加以判定，若區位中有數個正在規劃中的方案，則此區位可被視為變動性較大的區位，對於這類區位的環境品質評估應考慮環境的變動或納入不確定性分析。第七章預測開發行為可能引起之環境影響，是環境影響評估的重點也

表 1.5 常用空氣品質模式類別、優缺點與適用條件

模式類別	基本假設與限制條件	優點	缺點	模式名稱	模式適用條件
高斯煙流模式	• 穩定及均勻風場之假設，故僅能模擬小範圍、簡單地形之區域。 • 無法計算化學反應，故僅能模擬惰性污染物。	• 容易使用，可作長期評估。 • 已有豐富經驗，使用一般而言與實驗之結果相當吻合。 • 具有極大的彈性，容易加以修改以適合不同的情況。	• 無法考慮風速、風向在不同時間改變或地點改變的情形，因此不適合於長距離傳送使用。 • 無法考慮瞬間排放或意外時釋出時的情況擴散的情形。 • 無法用於不均勻地形。 • 無法考慮靜風或幾乎靜風的情況。	BLP*	煉鋁工廠及點源、線源、簡單地形、鄉村地區，小時至年平均值之濃度預測。
				CALINE3*/ CALINE4*	交通運輸（高速公路）、簡單地形[註1]、鄉村或都市地區，一小時至二十四小時之汙染物濃度預測。
				CDM2.0*	點、線源、平坦地形[註2]、都市地區，長時間（一個月以上）之濃度預測。
				RAM*	點、面源、平坦地形、都市地區，小時到年平均年度預測。
				MPTER*	點源、簡單地形、鄉村或都市地區，小時至都市平均值之濃度預測。
				CRSTER*	單一點源、簡單地形、鄉村或都市地區，小時至年平均值之濃度預測。
				OCD*	海岸地區汙染源之模擬，為個海岸式模擬。

表 1.5　常用空氣品質模式類別、優缺點與適用條件（續）

模式類別	基本假設與限制條件	優點	缺點	模式名稱	模式適用條件
			• 無法考慮垂直風切的效應。	EDMS*	評估軍用飛機基地及一般用的污染物擴散模擬，可用來模擬汽油槽等點源及移動性污染固定染源、簡單地形、傳輸距離小於 50 公里，小時至年平均值之濃度預測。
				ISC2/ ISC3*	點、面、線、體源、平坦或簡單地形、鄉村或都市地區，小時至年平均值之濃度預測。
				AERMOD	與 ISCST3 相仿，包含：氣象前處理程式 AERMET＋顯著影響高度 AERMAP＋地表特性 AERSURFACE＋建築物資料 BPIPPRIME，簡單與複雜地形。
				CTDMPLUS*	穩態點污染源模式，複雜地形之高斯點源模擬、鄉村或都市地區，小時至年平均值之濃度預測。

表 1.5　常用空氣品質模式類別、優缺點與適用條件（續）

模式類別	基本假設與限制條件	優點	缺點	模式名稱	模式適用條件
軌跡模式	・忽略垂直氣流移動，無垂直風切，無水平擴散，因此可能與實際風場甚差。 ・模式較為簡易與電腦資源需求較少，因此可執行長時間模擬。	・能對複雜地形追蹤著擴散的地區作比較詳細的模擬。 ・PIC（Particle-In-Cell）法可以得到三維濃度場的分布。 ・沒有數值延散的困擾。	・須要追蹤大量質點的運動，須要大量的計算時間。 ・須要大量複雜而且離散的輸入資料。 ・不容易考慮複雜的非線性反應。	GTx	所有汙染物沿著軌跡線對受體貢獻所造成的貢獻濃度，模擬汙染物有 PMc、PMf、CO、SO$_2$、NOx、Sulfate、Nitrate，並可計算軌跡線混合氣層高、蒸發熱、穩定度、氣溫等，可考慮乾沉降機制及洗滌效應。
網格模式	・可以考慮化之物理化學機制眾完整，並且有最少之假設。	・包括傳送、擴散、排放、反應、沉降等，能考慮。 ・能得到時變。	・須大量的計算機儲存位置和時間。 ・須大量的輸入資料	TPAQM	為了臭氧（O$_3$）汙染問題所發展的模式，可模擬大氣對流層中空氣汙染重要問題與臭氧問題之模擬。點源、線源（移動源）、人為面源與生物面源。
				TAQM	核心程式為化學傳輸模式，可模擬大氣對流層中空氣汙染重要問題及化學程序與臭氧問題之模擬。

表 1.5　常用空氣品質模式類別、優缺點與適用條件（續）

模式類別	基本假設與 限制條件	優點	缺點	模式名稱	模式適用條件
	· 電腦資源需求較大，因此通常僅執行數天污染事件之模擬。	· 三維的複雜度濃度場。 · 能考慮非線性的化學反應。	· 數值延散和擴散的困擾。 · subgrid擴散的處理。	CAMx	模擬範圍可從城市至區域尺度，可模擬原生與反應性污染物、臭氧、PAN、以及硫酸鹽、硝酸鹽、銨鹽、有機碳、及原生懸浮微粒等，污染物乾濕沉降通量。
				UAM*	三維數值光化學網路模式，都市地區臭氧問題之模擬，只能模擬小時平均值。

* :「空氣品質模式評估技術規範」認可之模式。

註 1 : 簡單地形 : 係指地形高度均小於煙囪高度者。

註 2 : 平坦地形 : 係指地形完全沒有顯著地形起伏者。

註 3 : 複雜地形 : 係指地形高度會高於煙囪高度者。

表 1.6　說明書／報告書格式內容要求

章節	名稱	內容	目的
第一章	開發單位之名稱及其營業所或事務所	作爲後續追蹤、查核、處分時的參考依據	
第二章	負責人之姓名、住、居所及身分證統一編號		
第三章	環境影響說明書綜合評估者及影響項目撰寫者之簽名		
第四章	開發行爲之名稱及開發場所		
第五章	開發行爲之目的及內容	・發行爲的目的 ・開發規模 ・原物量的使用狀況 ・施工方法 ・施工期程規劃	・確認後續應評估的內容
第六章	開發行爲可能影響範圍之各種相關計畫及環境	・開發方案臨近區位的環境現況說明 ・計畫區域內相關的重大開發方案的現況描述	・描述開發區位的環境條件以及未來的變動性
第七章	預測開發行爲可能引起之環境影響	・確認應評估項目 ・選擇適當評估方法 ・確認最大環境衝擊量發生的時間和地點	・判定是否有重大環境影響之虞 ・環保對策的擬定依據
第八章	環境保護對策及替代方案	・確認可行的環境保護對策 ・設施管理計畫與最佳可行技術的選擇 ・總量交易、開發規模縮減、加嚴管制等替代方案的評估	・建立汙染減量策略、行動方案以及成效評估機制
第九章	第九章執行環境保護工作所需經費	・環境監測費用 ・環保設施維護與人員費用	・確認環境保護工作的正常運作
第十章	預防及減輕開發行爲對環境不良影響對策摘要表	・針對評估內容進行說明	・使讀者快速了解開發案對環境的危害

是最困難的地方，為了進行衝擊預測必須先利用系統分析的概念，確認應評估的項目、選擇適當的評估方法以確認最大環境衝擊量發生的時間和地點，作為是否有環境影響之虞的判定依據。第八章環境保護對策及替代方案則是希望利用工程與管理的手段降低開發方案所帶來的環境衝擊，這些方案包含加嚴的排放管制、總量管制精神下的汙染交易和抵換、工程技術的提升、開發量體的減少、自然環境的改善與認養等都可納入環境保護對策之中。第九章與第十章則說明實際的汙染減輕對策與經費安排，以確保環境保護計畫的落實。

　　環境影響評估作業是一種系統性的決策過程，就如同系統分析理論中所強調的，必須了解開發行為的內容以及它可能影響的範圍與對象，在系統化的資料收集與分析後，了解開發區位的環境狀況，利用模式預測開發行為對環境的衝擊影響，並以工程或管理的技術手段來降低開發行為可能引起的衝擊危害，進行汙染防治計畫的稽核管理以確保減量計畫的落實，每一個過程都是包含了系統決策與管理的內涵。為了減少人為的缺失並增加環境影響評估的正確性，我們將環境影響評估系統化、標準化、程序化與法制化，過程中的每一個程序與細節都足以影響環境影響評估的正確性，需謹慎為之。

📖 問題與討論

1. 重大開發案件事前均需做環境影響評估，請列舉其評估內容。（90 年環境工程技師高等考，環境規劃與管理，20 分）

2. 試述環境敏感地區之定義，在行政院環境保護署「開發行為環境影響評估作業準則」中，將國內環境敏感地區劃分成哪些類別？（90 年環保技術高等三級考，環境影響技術評估，20 分）

3. 為何行政院環境保護署歷年受理審查之環境影響評估案件，位於環境敏感地區之開發行為大多仍能通過環境影響評估的審查？試說明之。

（90 年環保技術高等三級考，環境影響技術評估，20 分）

4. 目前我國環境影響評估制度之環境影響評估審查權在：（91 年環境工程高等三級考，專業知識測驗，1.25 分）

A. 目的事業主管機關

B. 民眾公聽會

C. 專家學者

D. 環境保護主管機關

5. 簡述環境影響評估制度在環境管理中扮演的角色與功能。目前國內的環評制度尚有哪些方面需要改善？（93 年環境工程計師三等考，環境規劃與管理，25 分）

6. 我國環境影響評估採公開說明會，其公共參與功能以下列何者為主？

（93 年環境工程高等三級考，專業知識測驗，1.25 分）

A. 資訊傳播與收集（information dissemination and collection）

B. 主動式或被動式計畫（initiative or reactive planning）

C. 參與程序資源（participation process support）

D. 決策（decision making）

7. 依我國「環境影響評估法」之規定，下列有關第二階段環境影響評估之陳述何者有誤：（94 年環境工程高等三級考，專業知識測驗，1.25 分）

A. 主管機關應邀集目的事業主管機關、相關機關、團體、學者及專家界定評估範疇

B. 第二階段之範疇界定應確認可行之替代方案

C. 第二階段之範疇界定應確認環境影響評估項目

D. 第二階段應編製環境影響評估報告書

8. 請概述環境影響評估審查作業流程，並比較區分「環境影響說明書」與「環境影響評估報告書」之差 。(96 年環保行政高等一暨二級考，環境規劃與管理，20 分)

9. (一) 何謂政策環評？(二) 政策環評是要彌補環境影響評估哪些缺點？(三) 假想有一個大開發計畫，政府決定支持執行，因此發布新聞稿「該計畫對國家發展甚為重要，有必要盡快執行，但為了保護我們的環境，我們將找學者專家來完成環境影響評估，並將成立監督小組來確保環境品質不受損害」，此虛擬的新聞稿有什麼地方不符合環境影響評估的精神？(96 年環保行政、環境工程、環保技術高等三級考，環境規劃與管理，25 分)

10.政府在進行政策的評估與制定時，愈來愈重視「公眾參與」。試問「公眾參與」的真諦及目的為何？應如何強化「公眾參與」？(98 年環保行政、環保技術薦任升等考，環境規劃與管理，25 分)

11.試概要說明一般開發計畫環境影響說明書之審查流程，並請就火力發電廠的開發，簡要說明其所可能造成的環境影響，列舉你認為較重要之四項環境影響評估項目，並提出其防範對策。(97 年環境工程計師高等考，環境規劃與管理，25 分)

12.什麼是環境影響評估 (environmental impact assessment) ？為什麼要做環境影響評估？環境影響評估與環境管理存在何種關係？請申論之。(97 年環保行政特種四等考，環境規劃與管理概要，25 分)

chapter 2

系統管理概念與環境評估架構

第一節　管理學的概念

一、管理學的目的

　　管理的目的在於改善或解決問題，所謂問題狹義上是指目前正面臨的困難，廣義上除了現在正面臨的問題外，也包含了未來即將或可能面對的問題。這些問題可進一步區分成「效率（Efficiency）」與「效能（Effectiveness）」管理等兩大類問題。其中，效能（Effectiveness）是指「做對的事情（Doing the right things）」，是一種著重策略性、方向性的管理，效能的大小可以根據目標的達成度來做判定；所謂效率（Efficiency）是指「把事情做好（Doing things right）」，亦即在有限的資源下，以最少的投入，獲得最大的產出，使資源發揮它最大的效率達成最大的預期效果。換句話說，規劃重視效能的達成而管理則重視效率的發揮，環境評估的目的就在於評估規劃階段的效能以及執行階段的效率是否達成期望的目標，並提出維持或改善的建議。

二、戴明的 PDCA 管理循環

　　PDCA（Plan-Do-Check-Action 的簡稱）循環是由美國戴明博士（William Edwards Deming）於 1950 年代所提出，是一種以品質管理為目的所發展出來的管理概念，它把品質工作區分成規劃（Plan）、執行（Do）、查核（Check）與行動（Action）等四個階段，並明確的定義各個階段的任務內容，用以確保品質目標的達成，以促使品質的持續改善，其精神與內容摘要如下：

1. 規劃（Plan）

　　建立一個明確的目標，規劃達成該目標所需要的組織、人員、程序與方法，同時定義績效量測方法，以衡量結果和目標之間的差距，以及導致這些差距的項目內容，以便進一步修正下一階段的目標與行動方案，這

個階段的重點在於策略方向的確認，著重在策略管理，也就是「把事情做對」。

2. 執行（Do）

依據規劃階段所擬定的程序與方法確實執行，從組織、人員、工具與程序上將事情做好，也就是以最有效率的方式達成計畫階段所擬定的各項行動方案，屬戰術性層級。執行過程中，必須根據規劃階段所擬的效率衡量方式，建立組織、人員、工具與程序的查核與觀察要項（並收集必要的資訊以提供下一階段修正和改善的參考依據）。在這個階段中，經營管理與作業管理是最重要的工作內容，最終的目標則是以最有效率的方式完成規劃階段中所設定的決策目標。

3. 查核（Check）

回饋控制（Feedback control）是系統理論中最重要的一個概念，它認為管理者可以根據系統的產出（系統的行為）來改變系統的輸入或修正系統的結構，以達成目標改善的目的。如果規劃階段所擬定的衡量系統沒有問題，在執行階段也確實地進行有效的觀察與紀錄，那麼管理者就可以在比較出真實系統與理想系統之間的行為差距後提出修改方案，以提高計畫的可執行性。一般而言，查核可分成「目標查核」與「程序查核」兩大內容，目標查核用以檢討目標的達成度與計畫內容的合理性，程序查核則著重於行動方案的執行效率查核。這兩類的查核可以協助管理者在策略管理、經營管理與作業管理等不同管理層級中找出各自的問題並進行改善，以達到系統理論回饋控制與持續改善的目的。

4. 行動（Action）

Act 在英文涵義上有修正案的意思，也有人用修正（Adjust）來解釋 PDCA 的行動。也就是說，大部分的修正並不是這一次循環中進行，而是下一個 PDCA 循環中執行。在查核過程中發現的問題，有些會因為技術

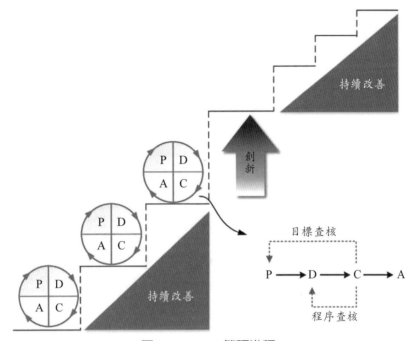

圖 2.1　PDCA 管理進程

或環境的限制無法在短時間內進行改善，因此修正方案的選擇會依據短、中、長期的方式進行規劃，同時也利用創新項目來改進執行過程（如圖 2.1 所示）。

三、環境影響評估架構與 PDCA 管理循環

　　廣義來說，政策評估、策略規劃、資源規劃與配置、組織管理、方案評估、設施選擇以及環境影響評估都可視為是系統評估與管理的過程，也都可以利用 PDCA 這樣的管理循環來說明評估規劃與管理的重點。以環境影響評估為例，表 2.1 說明了環評作業在不同管理階段的要項與重點內容，說明如下：

表 2.1　環境影響評估的管理內涵

階　段	管理學的內容	環評應用
計畫 （Plan）	・定義明確的決策目標 ・確認利害關係者 ・制定計畫執行的程序與方法 ・規劃組織、人員與資源的配置 ・建立績效評量指標與評估機制	・確認開發目的與設計開發內容 ・招開說明會（或公聽會）汲取各方意見 ・撰寫環境影響說明書／環境影響報告書 ・審查環境影響說明書／環境影響報告書 ・開發方案的選擇（如替代方案與零方案的選擇） ・擬定環境保護計畫
執行 （Do）	・設置組織與人員 ・建立標準化的作業程序 ・建立方法與設施規範 ・各種資源的有效配置（如：專案計畫管理）	・根據開發時程，實施環保計畫內容（包含審查結論與環保承諾），並適時通報環保主管機關 ・依據相關環境保護規範，進行汙染預防與減量 ・建立環境觀測網，收集環境資訊 ・目的事業主管機關負有監督與管理的責任
查核 （Check）	・依據先前擬定的評估基準進行績效查核 ・利用程序查核確認執行階段的缺失項目 ・利用目標查核確認計畫目標的達成程度，與計畫階段的可能缺失	・根據計畫書所列之查核要項內容進行監督查核 ・環保主管機關負有監督與查核的責任，遇到重大環保缺失實並具有處份的權利 ・根據環境監測結果，進行目標查核，並確認環境衝擊預測的正確性，以及減輕方案的適切性* ・進行程序查核，以確認施工程序是否依據環保計畫書與相關規範執行之
行動 （Action）	・依據查核結果擬訂戰略與戰術上的調整方案 ・根據查核結果定義短、中、長期的改善管理 ・針對目標、程序、組織與人員等不同面向的缺失問題，引入創新管理概念，進行問題改善	・依據查核結果擬定環境影響評估作業的改善方案* ・提供類似開發案例在規劃、執行與查核階段的作業改善參考*

註：*現階段環境影響評估制度不完整的地方

1. 計畫階段

設計開發內容、撰寫環境影響說明書／環境影響報告書、審查環境影響說明書／環境影響報告書、以及開發方案的選擇（如替代方案與零方案的選擇）。

2. 執行階段

開發單位應依環境影響說明書／環境影響報告書所載之內容及審查結論切實執行各項開發內容（含監測與環境保護計畫的執行），而在執行過程中目的事業主管機關則負有監督管理的責任。

3. 查核階段

在開發行為進行時及完成後，應由目的事業主管機關進行追蹤管理，並由環保主管機關監督環境影響說明書、評估書及審查結論之執行情形；必要時，得命開發單位定期提出環境影響調查報告書，若環保主管機關發現開發行為對環境造成不良影響時，應命令開發單位限期提出因應對策，並得行使警察職權。

4. 行動階段

這個階段的目的是根據查核的結果，擬定後續可改善的策略方向與行動方案，也就是分析某一個環評案件在評估與執行階段的缺失，作為日後類似開發方案在規劃、評估、執行、監測、查核時的參考。我國的環境影響評估制度設有環評案件的追蹤與監督機制，但就 PDCA 管理循環與持續改善的目標而言，目前仍缺乏系統理論中最重要的回饋控制機制，因此無法將過去累積下來的環評經驗，進行環境影響評估的品質控制。

在完成系統化的程序設計後，管理者便可進一步擬定具有強制性的法律規範，來推動環境影響評估作業，也因此當環境影響評估作業發生窒礙難行時，除從環境行政法的觀點來修訂環境影響評估的相關規範外，亦應從系統決策的觀點找出環評程序或單元的問題，才能有效改善制度與法

規設計的問題。現行的環境影響評估架構中也隱含了 PDCA 管理循環的概念，在計畫的階段中，執行單位針對開發方案的內容說明，擬定各項的減輕或替代方案，在經目的事業主管機關同意後，將環境影響評估書或報告書送交環保主管機關進行審核，屬於計畫內容的審核；在執行階段中，開發單位根據環境影響說明書（或環境影響報告書）所列的開發內容與承諾的環境保護計畫進行開發與環境保護，並由目的事業主管機關負責督導與管理工作，強調執行與作業管理；查核階段則由環保主管機關根據環境影響說明書（或環境影響報告書）所列的環保承諾進行稽核管理，並在必要時實行警察權、糾正各種危害環境品質的行為，以達到降低環境衝擊的目的，是一種程序性的查核。但以一般的環境評估問題而言，除了程序性的查核作業外，也必須針對計畫內容進行目標查核的工作，以確認開發目的、衝擊評估以及減輕方案的正確性，作為後續目標與程序設計時的修正參考。

　　現階段我國環境影響評估法（如圖 2.2 所示）共四章 30 條的條文，它規範了環境影響評估作業的各項程序。在環境影響評估法中，第一章總則說明了環境影響評估法的立法目的、主管機關、審查委員會的組成以及應實施環境影響評估之開發行為的認定標準，屬於環境影響評估作業中的組織規劃，規範了參與環境影響評估的主要利害關係者，其他相關利害關係者（民眾參與）則在第九條機關與民眾之參與內進行規範。事實上，包含環境影響評估在內的系統決策多屬於多人參與的決策模式，不同的參與者提供不同的觀點並在不同的階段中參與決策的進行。但是和其他的決策問題一樣，環境影響評估的審查結論通常也是多方妥協後的結果，而多人決策過程中可能產生的問題（如：參與人員的代表性、議題的設定以及態度與行為模式等），也都會在環境影響評估作業中發生。環境影響評估法中的第二章與第三章規範了評估、審查、追蹤與監督的程序，這兩個章節

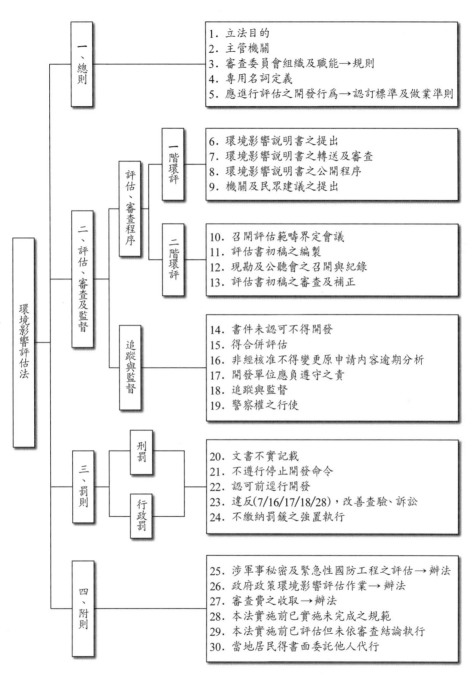

圖 2.2　我國環境影響評估法架構

充分展現了 PDCA 管理循環的概念。其中，第七、八、十、十二、十三條則針對環境影響評估的程序進行了明確的規範。各條款的主要功能目的說明如表 2.2 所示：

表 2.2　環境影響評估法條文簡介

內容	說明	條文編號
程序	開發單位申請許可開發行為時，應檢具環境影響說明書，向目的事業主管機關提出。	7、8、10、12、13、13-1
民眾參與	舉行公開說明會。	9
註銷許可	未經完成審查或評估書未經認可前，不得為開發行為之許可，其經許可者，無效。	14
合併評估	同一場所，有二個以上之開發行為同時實施者，得合併進行評估。	15
變更內容	非經主管機關及目的事業主管機關核准，不得變更原申請內容。	16、16-1
追蹤與監督	開發行為進行中及完成後使用時，應由目的事業主管機關追蹤，必要時，得命開發單位定期提出環境影響調查報告書。	18
警察權	目的事業主管機關追蹤或主管機關監督環境影響評估案時，得行使警察職權。	19
溯及既往	指已實施而尚未完成之開發行為；已完成審查結論而未執行者。	28、29
行政罰暨刑罰	開發單位違規者得處有期徒刑、拘役或科或併科罰金。	20、21、22、23、23-1

第二節　管理層級與環境評估的內涵

　　一個完整的規劃與管理計畫應包含長期性的策略規劃、中期性的經營管理計畫以及短期性的作業管制計畫，而環境評估的目的就在評估策略規劃、經營管理計畫與作業管制計畫的成效以及他們可能造成的環境衝擊。一般而言，長期性的策略規劃強調目標的達成以及策略方向的擬定；中期性的經營管理計畫以方案設計的重點，強調組織、程序、經費與人員的管制以及管理效率；短期性的作業管制計畫則著重於行動方案、程序的落實以及工具與方法使用的正確性。從管理學的角度來看，所有的評估問題可以區分成策略管理、經營管理與作業管理等三個面向的問題，其中策略管理著重於願景（Vision）與目的（Goal）的描繪，強調方向性的規劃與管理效能（Effectiveness）；經營管理重視目標（Objective）的設定與達成，強調效率（Efficiency）管理，也就是期望以最佳化的經營模式使組織在最少的資源投入下獲得最大的產出；作業管理則利用各種標準的程序（Procedure）、排程（Schedule）與規則（Rules）的制定來維持各種作業單元的品質，以達成在策略與經營管理階段中對每一個操作單元所設定的標的（Target）。簡單的來說目的是一種抽象的概念，而目標是量化後的目的、是具體而可以衡量的，而標的則是分工後的目標。從圖 2.3 可以發現環境評估的內容廣泛，它涵蓋了使命、策略／政策、方案、預算、程序、排程以及規則等不同的評估內容，環境問題經常是複雜的，問題可能來自策略、經營或作業管理的階段，為了能夠有效的定義問題的內容，觀測系統與評估指標的建立是非常重要的，但如何建立系統性的評估指標則是另一項困難的管理工作。

　　一般而言，策略管理偏向方向性與目標性管理，是一種長期性的規劃與管理工作，這類問題除了有較大的時間尺度外，通常也具有較大的空間尺度（Scale），常會涉及到區域性或跨區域性的管理內容。相反的，作

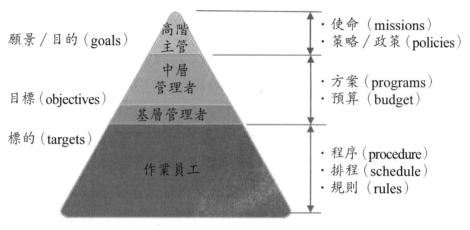

圖 2.3　環境管理的層級

業管理偏向短期性、規律性的工作管理，它著重在短期效率的展現（各種
管制內容的差異如表 2.3 所示）。但必須注意的是，系統尺度小並不代表
系統的複雜度較低也比較容易被解決，主要的差異僅在於他們的管理任
務與內容。圖 2.4 說明了政策（Policy）、計畫（Plan）、方案（Program）
與個案計畫（Project）它們在空間尺度上的關聯與差異，可以發現政策
（Policy）、計畫（Plan）、方案（Program）大多屬策略與經營管理的問題，
所涉及的利害關係者與需考慮的面向也較為廣泛，但大都考慮方向性的問
題，對於細節性的效率問題則不在這個階段中考量。

表 2.3　三種管理層級之內涵

工作內容	使命	尺度	時程	管理內涵
策略管制	目的（Goal）：抽象的方向概念	大	長期	方向性（效向）
管理管制	目標（Objective）：量化後的目的	中	中期	效向、效能
作業管制	標的（Target）：分工後的目標	小	短期	效率（效能）

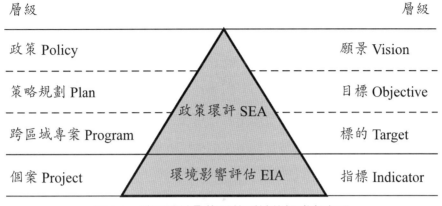

層級　　　　　　　　　　　　　　　　　　　　　層級

政策 Policy　　　　　　　　　　　　　　　　　願景 Vision

策略規劃 Plan　　　　　　　　　　　　　　　　目標 Objective

　　　　　　　政策環評 SEA

跨區域專案 Program　　　　　　　　　　　　　標的 Target

個案 Project　　　　環境影響評估 EIA　　　　　指標 Indicator

圖 2.4　我國環境影響評估系統的組成與內涵

　　如同圖 1.2 所述，狹義的環境保護著重在汙染整治、控制與預防，而廣義的環境保護內容則應該涵蓋自然保育、資源的有效運用以及社會和諧與永續發展等議題，在汙染控制與預防以及資源有效運用的考量下，我國的環境影響評估制度設有「政策影響環評（Strategic environmental assessment, SEA）」（以下簡稱政策環評），以及「環境影響評估（Environmental impact assessment, EIA）」（以下簡稱一般性環評）兩大內容（其功能差異如圖 2.4 所示），其中政策環評主要針對政策（Policy）、計畫（Plan）與方案（Program）進行評估，著重於資源的有效配置與未來經營方向的正確性。一般來說，「PPPs（Policy, Plan, Program）」具有階層性，政策是一種目的或願景，也可能是一種抽象性的概念（如：永續發展），而計畫是在某一個政策概念下所發展出來的整體性規劃，它依循著一個可量化、可評估的管理目標進行整體化設計，而方案則是在計畫架構下，為了達成政策目標的一個短程目標和行動。所以，政策是計畫和方案的最終依循準則，也就是說計畫（Plan）與方案（Program）必須在政策架構下進行設計。在這樣的系統架構下，環境影響評估（Environmental impact assessment, EIA）可被歸類為「個案環境影響評估」（Project EIA），

它重於單一開發方案對環境的衝擊進行預測與預防。

　　無論是政策（Policy）、計畫（Plan）、方案（Program）或是專案（Project）類型的環境評估，它們的共同目的是希望在各項政策、計畫、方案或專案計畫的形成階段便可針對潛在的環境影響做出判斷，並採取適當的修正或替代措施來減輕可能引起的環境傷害，以達到促進國家或區域性永續發展的目的。這幾種不同層次的環境評估，因為具有不同的功能角色，因此評估的內容也會有所差異，但因為都是系統決策的過程（如圖2.5 所示），因此評估的內容包含了：問題與目標的定義、範疇界定、資料收集、資料分析與衝擊預測、方案選擇、方案執行與控制、績效衡量與方案評估等幾個程序。一般性環境影響評估與政策環評之間的差異比較如表2.4 所示。

1. **問題與目標的定義**：一般性環境影響評估的問題與目標確認比較單純，主要在說明開發行為的目的與開發行為的內容。政策環評問題因為涉及的範圍較為廣泛，政策內容也常涉及多目標管理問題，因此較為複雜。

2. **範疇界定**：確認問題的系統範圍，以及系統範圍內的利害關係者，利害關係者在意的環境、經濟與社會要項，根據評估各要項的行為特性，擬定需要蒐集的資料。

3. **資料收集**：根據問題的決策目標、範疇界定的內容以及後續衝擊分析所需要的資料狀況擬定資料收集計畫，並分別描述待評估要項的現況以及整體的系統行為。但必須注意的是：無論是政策規劃或是一般性的開發行為，從規劃到落實（開發完成）階段，通常需要歷經一段時間，因此必須利用合適的工具掌握評估要項與整體系統行為在這段時間內的動態變化，如此才能有效掌握目標年的環境狀況。

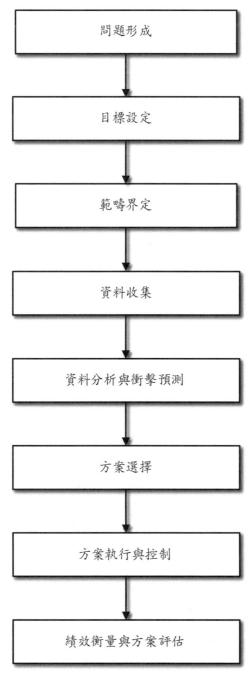

圖 2.5　環境評估與系統分析程序

表 2.4　政策環評與開發行為環境影響評估之比較

項目		一般性環境影響評估	政策環境影響評估
相同處		・預防精神相同：提早評估及預防造成環境之破壞。 ・步驟與程序相同。 ・評估書內容相同。 ・部分評估方法相同。	
相異處	基本概念	目標對象具體而明確。	大多只是一個概念性目標的宣示。
	適用對象	實體開發行為。	政策、計畫、方案。
	影響範圍	・通常關注於特定地區，通常對自然環境的直接影響。 ・時間與空間比較具體。	・用之時空尺度較廣，能考量應用之時空尺度較廣，且能考量累積、協同及非直接環境影響。 ・影響時間比較長範圍大且所涉及的內容上較不具體。
	替代方案	僅關切如何降低開發行為對環境的衝擊。	決定一政策活動是否繼續進行，包括何處及何種計畫應被執行。
	變動程度	變動少、精確度較高。	易變動、更替性大。
	細膩程度	可進行細部評估。	細部評估不易完成。
	評估機關	自我評估與第三者評估。	自我評估。

資料來源：劉銘龍，2005；於幼華等，1999。

4. **資料分析與衝擊預測**：政策（Policy）、計畫（Plan）、方案（Program）或是專案（Project）所要解決的問題不盡相同，因此衝擊預測的方式與工具也有很大的差異。如前所述，環境保護署針對環境影響評估（EIA）的工具進行了概略性的規範，但對屬於上位性、方向性的策略規劃而言，很難有制式的規範可以套用，也由於策略性評估在評估過程中，無法掌握整個系統的細節以及

可能的變動，因此在進行衝擊預測時，必須將情境分析（Scenario analysis）與不確定性分析（Uncertainty analysis）納入評估的程序之中。

5. **替代方案的擬定與方案選擇**：因為政策（Policy）、計畫（Plan）、方案（Program）或是專案（Project）涉及到不同的利害關係者，方案的選擇通常是多方妥協後的結果，現實世界中幾乎沒有可以滿足各方需求的最佳方案，因此無論是個案型環境影響評估或是政策環評都會遭遇方案選擇的問題，在這個多人決策的環境評估問題中，溝通與妥協便變成非常重要的一環。但值得注意的是正確的方案選擇必須建立在透明公開的資訊以及正確的資料分析的基礎上，否則在沒有正確可信的參考資料下，方案的選擇常會流於意識形態與理念的爭論。

6. **方案執行、查核與控制**：在確定政策方案之後，便可進行包含行動方案、查核機制與品質控制在內的方案設計。其目的是利用查核機制與回饋控制的機制確保政策效果以及降低環境衝擊。

7. **績效衡量與方案評估**：建立整體性的績效衡量機制（如：績效指標），進行綜合性的方案成效評估，以作為後續政策方案改善時的參考依據。

第三節　政策環境影響評估

政策環評是指對政府的政策（Policy）、計畫（Plan）與方案（Program）進行系統性的環境衝擊評估，它強調部門之間的橫向聯繫與負責部門的縱向整合，強調政策、計畫與方案的層級關連與互動關係。如同圖 1.2 所示，政策環評是廣義的環境衝擊評估，它除了強調汙染預防外，更重視環境資源的整合與有效運用以及政策方案在經濟與社會的影響，因此具有長

久影響的資源管理政策（如：土地資源、水資源、能源、礦物資源、農牧資源、可再生資源）是政策環評的主要內容。亦即要求政府的決策部門在擬定重大政策方案時，將永續發展概念與原則納入決策分析的過程之中，透過與不同利害關係者的溝通與協調，修正政策、計畫或方案內容，與研議可行的替代方案，以降低政策、計畫或方案在執行過程中可能產生的環境、社會與經濟衝擊。表 2.5 是各國政策環評之應用範圍、法令規定、指導綱領、評估方法、審查程序和發展前景、特色與優點之比較。

一、評估對象

　　無論是政策環評或是一般性環評都設有啟動機制，以排除對環境無重大衝擊疑慮的方案，避免繁瑣的環評作業程序延遲了政策（Policy）、計畫（Plan）、方案（Program）或是專案（Project）的推動。以政策環評為例，我國政府於八十六年九月二十日公告施行「政府政策環境影響評估作業要點」，並於八十九年十二月二十日修正該要點成為「政府政策環境影響評估作業辦法」。相關的「政府政策評估說明書作業規範」也在民國九十年正式公告實施。依據「政府政策環境影響評估作業辦法」以及「應實施環境影響評估之政策細項」，我國現行的政策環評制度採用正面表列方法來規範應實施政策環評的對象。目前我國應實施政策環評的政策項目共有 9 大類 14 種細項類別（見表 2.6），可以發現，資源管理政策以及區域發展計畫是應實施政策環評的主要內容。

二、衝擊評估項目

　　依據「政府政策評估說明書作業規範」中的規定，政策環評中的衝擊評估項目應包括：環境涵容能力、自然生態及景觀、國民健康及安全、土地資源之利用、水資源體系及其用途、文化資產、國際環境規範、社會經濟及其他等九大項。除依據政策方案的特性確認細部的評估項目與內容，

表 2.5　各國政策環評之比較表

國家	美國	歐盟	英國	澳洲	荷蘭	加拿大	日本
適用對象	政策、方案、內閣決策	政策、方案、計畫（PPPs）	政策、方案、計畫	政策、方案、計畫	政策、方案、計畫、其他	政策、方案、計畫	政策、方案、計畫、programmes
法令規定	在 1970 年之國家環境政策法 NEPA 中對 SEA 所訂定之條款	1985 年環評指令（85/337/EEC）；2001 年政策環評（SEA Directive 2001/42/EC）	1991 年「政策評估及環境」	無正式規定	1989 年「國家環境政策（NEPP）」及 1995 年「環境測試（E-Test）」	1990 年內閣指令	2006 年內閣會議決議
指導綱領	國家環境品質委員會有類似指導規定	許多方針，各會員國亦有個別之方針，並發展研中	1991、1993 年分別制定指導綱領	無特定指導綱領	無特定指導綱領，傳統環境影響評估簡報應有檢查項目表及以永續發展為水準則	1996、1997 年公布指導綱領	2007 年政策環境評估原則

（資料來源：政府政策環境影響評估作業檢討與修正專案工作計畫，行政院環境保護署，97 年）

表 2.5　各國政策環評之比較表（續）

國家	美國	歐盟	英國	澳洲	荷蘭	加拿大	日本
評估方法	同環評	各國皆不相同	明細表法、矩陣法、一致性分析、經濟分析	無特定方法	同環評	無特定方法	同環評
審查程序	政策環評 PEIS	各國皆不相同	依指導原則	EIA	SEIA、E-Test	自由裁量	未定
特色	各州各自發展出自訂的作業程序和準則來進行政策環境影響評估	增加跨境諮商部分；未來之相關監測措施	政策環評分為國家、區域、地方等三個層級；不論是政策計畫或發展計畫，皆須建立永續發展和長期經濟評估與觀察	在政策、方案、計畫等層級擬定時，有達到永續發展的原則，就必須改變特定層級環境規劃內容；由環境部長決定特定之政策、方案、計畫是否進行環評的行政工作	雙階層的政策環系統；多個部門整合決策中的各項環境考量	所有層級決策必須經整合社會、經濟、環境考量	累積政策際的實驗經驗；強調環境面、經濟面、社會面的總體提昇：各自主管機關發展各自的指導原則；中央與地方一致推動

表 2.5　各國政策環評之比較表（續）

國家	美國	歐盟	英國	澳洲	荷蘭	加拿大	日本
優點	與環評作業程序內容相同	積極把政策環評當作達成永續發展的一項有效工具	建立永續發展和長期經濟評估與觀察；「政策環境評估及環」提供明確具體的作業準則	有達生永續發展態的原則，就必須改變原劃的內容			累積政策實際經驗；強動環境面、經濟面的總體社會提升；各主管機關的各自發展的指導原則
缺點	各自為政的政策環評決重過多程；各部門間缺乏協調		「政策環境」及環評方法有具工力，缺少了強制約束力；過於重視成本效益的分析化的衡量；缺乏公共參與方面的規定	是否進行行政策環評由環境部長一人決定，可能不公正	多個部門於不限環境主管機關、交通、農業經濟部、甚至各部門）合決策考量環境影響，可能產生散的環保職權	少數部門各自發展政策環評；各部門之間缺乏協調	必需品一方面考量由各實務所造成的複積累的合性、影響評估方法、實質環境評估的計畫過程技術、計定等正式等；尚未確定作業法規及程序

表 2.6　我國應實施政策環評之政策細項一覽表

政策名稱	政策細項
工業政策	工業區設置
	能源密集基礎工業政策
礦業開發政策	砂石開發供應
水利開發政策	水資源開發政策
土地使用政策	高爾夫球場設置
	農業生產用地及保育用地大規模變更作非農業使用
	新訂或擴大都市計畫（僅適用面積 10 公頃以上者）
	水源水質水量保護區範圍變更
	飲用水水源水質保護區範圍變更
能源政策	能源開發綱領
畜牧政策	養豬
交通政策	重大鐵公路發展
廢棄物處理政策	垃圾處理
放射性核廢料處理政策	核能電廠用過核燃料再處理

亦需要依據環境系統的空間尺度差異，評估該項政策方案對於地域性、全國性與全球性尺度範圍的影響狀況，並提出因應的對策說明與綜合評價。如圖 2.6 所示的決策程序，實際衝擊評估的項目，應依據政策目的、內容進行範疇界定，並在徵詢相關利害關係者的意見後確認應評估的對象，為了了解受評估對象的行為特徵，以及預測政策方案實施後對評估對象的影響，各項的評估指標也應同時建立起來。

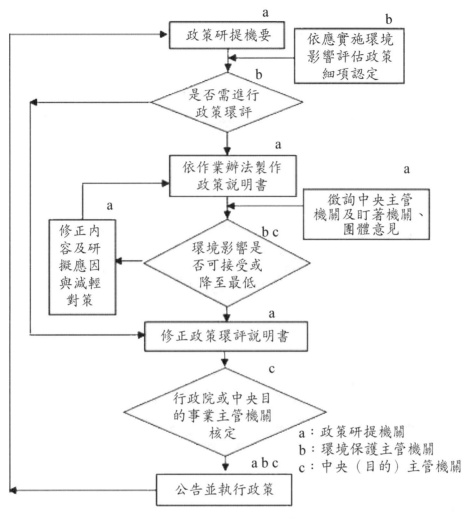

圖 2.6　我國政策環評作業程序

三、政策規劃與評估程序

　　政策環評是一種系統的「決策過程」，為了要使環評程序順利進行，環評的決策程序必須切合該國的政治體制與行政文化。世界各國對於政策環評的實施原則大致相同，但實際實施細節則會維持「彈性原則」並依據

各國國情進行設計。若從系統管理的角度來看，一個完整的政策環評過程應包括以下幾個步驟：

1. 篩選

決定政策、計畫或方案是否需進行政策環評，一般的篩選程序可區分為正面表列、負面表列與逐案篩選等幾種方法。

2. 設定政策目標與標的

政策目標或標的應是可以質性或量化的方式加以衡量。

3. 範疇界定

分析外部的國際環境以及內部的整體環境與技術環境現況，確認受影響的對象，建立政策方案與受影響對象之間的關聯性。

4. 建立評估指標

根據受評估對象的行為特徵，選擇可以反應出評估對象行為變化的指標項目。

5. 影響預測與替代方案評析

方案應包含原方案、替代方案與零方案等幾類，並根據評估指標與影響預測的結果進行方案選擇。方案評估與選擇時應有完備的民眾參與機制，以整合不同利害關係者的意見，降低不同環境、經濟與社會等不同面向以及不同利害關係者之間的衝突。

6. 提出政策環評結論報告與衝擊減輕對策

透過系統性的評估程序，管理者可以了解某一個政策方案執行後對環境的衝擊，政策環評的目的除了評估衝擊量的大小外，更重要的是研擬衝擊減輕方案，來降低衝擊量所引發的不良效應，但必須注意的是衝擊量的時間延遲性以及非線性響應效果。

7. 與後續計畫的連結性

如圖 2.3 所示，政策、計畫與方案之間通常具有層級的關聯性。為了落實政策方案所提出的決策目標，管理者必須掌握後續計畫的推動狀況，並依據績效衡量的結果，調整後續計畫的工作內容，以控制細部方案的成效。

8. 績效衡量與環境管理計畫

為了了解政策的執行效果與它引發的環境衝擊，在政策規劃階段便應設計績效評估系統以及資料收集計畫，來評估政策在規劃、管理與執行階段的缺失，並作為下一階段方向與內容修正時的參考。

無論是政策、計畫或方案，都涉及到眾多的利害關係者（包含：不同的行政部門、民眾與企業機構），且政策、計畫或方案大多屬於中、長期的規劃，影響的層面通常既深又廣，因此政策環評的每一個程序都必須有非常完備的民眾參與機制，也必須進行部會之間的橫向溝通，以達成目標分工與資源整合的目的。同時，為了達成規劃中的政策目標、落實政策、計畫與方案的規劃內容，政策工具的選擇與效用評估也非常重要，因此除了民眾、政府相關單位外，外部機構與專家的諮詢與建議，也必須在規劃、管理與評估的過程中適時加入。

四、政策環評的審查程序

如同第一章所述，一般性環評與政策環評均著重在程序、文件與工具的標準化以及公共參與。不同的參與者（包含：政策研擬機關、相關主管機關、民間機構與團體、中央目的主管機關、環境保護主管機關等）會在不同的過程中扮演不同角色，圖 2.6 是我國政策環評的作業程序，包含了應實施環評案件的篩選、政策說明書的製作、利害關係者之間的溝通協調、替代方案與減輕對策的選定以及執行與追蹤等步驟。

第四節　一般性環境影響評估

如同政策環評，一般性環境影響評估也是一種系統性的決策過程，不同的是，一般性環評屬於專案（Project）評估層級，著重於評估實體開發行為對環境的影響。主要的內容包含：應實施一般性環評案立的篩選、開發方案的規劃與評估、計畫書撰寫與審查以及開發行為的追蹤與考核等幾個主要程序。不像政策環評缺乏較為明確的評估工具也不容易量化，一般性環境影響評估以個案的實體開發行為作為評估的對象，因為評估的尺度較小，評估的內容也偏重於開發行為對周圍環境所造成的物理性、化學性與生態性的衝擊評估上，因此，有較多的評估工具（如：水質模式、空氣品質模式、環境統計等）可用來預測開發行為所造成的環境衝擊，以下針對應實施一般性環評的對象、評估方法以及審查程序進行簡要說明。

一、應實施環境影響評估的對象

為了避免所有的開發方案都進入繁瑣的環評程序，延誤了開發案的開發時程，我國訂有「開發行為應實施環境影響評估細目及範圍認定標準」，要求對環境有衝擊疑慮的開發方案必須進行環境影響評估的程序。在開發行為應實施環境影響評估細目及範圍認定標準中，採用正面表列的方式，利用開發行為的類型、開發行為的規模以及開發行為所在的區位來認定開發行為是否應進行一般性環境影響評估。

1. 開發類型

開發類型與內容決定了環境衝擊評估的項目，例如：水庫的開發、焚化爐的設置、大型量販店的規劃，它們對環境的衝擊面向不同，重點的評估項目也有差異。開發類型屬於質性的評估，它必須同時參考開發環境的背景條件以及開發規模的大小，才能決定開發行為是否應進行一般性的環評作業，以下是現行「開發行為應實施環境影響評估細目及範圍認定標

準」中認為應進行一般性環境影響評估作業的開發類型。

- 工廠之設立及工業區之開發（第 3～4 條）
- 道路、鐵路、大眾捷運系統、港灣及機場等交通建設（第 5～9 條）
- 土石採取及探礦、採礦等土石採礦（第 10～11 條）
- 蓄水、供水、防洪排水工程等水利設施之開發（第 12～14 條）
- 農、林、漁、牧地之開發利用（第 15～18 條）
- 遊樂、風景區、高爾夫球場及運動場地之開發（第 19～22 條）
- 文教、醫療建設之開發（第 23～24 條）
- 新市區建設及高樓建築或舊市區更新（第 25～27 條）
- 環境保護工程之興建（第 28 條）
- 核能及其他能源之開發及放射性核廢料儲存或處理場所之興建（第 29～30 條）
- 其他經中央主管機關公告者（第 31 條）

2. 開發區位

開發區位是一般性環境影響評估的關鍵內容，區位的選擇會影響開發行為的內容與規模，相同的開發內容在不同的開發區位進行開發，可能會有迥異的環評結論。我國「開發行為應實施環境影響評估細目及範圍認定標準」規定在以下幾類的敏感區位進行開發時應進行一般性環境影響評估作業。事實上，開發區位的環境條件（如地形、水文與氣象）決定了開發行為的規模，特別是開發行為位處於涵容能力已飽和的區位時。

- 國家公園
- 野生動物保護區或野生動物重要棲息環境
- 水庫集水區
- 自來水水源水質水量保護區
- 山坡地
- 都市土地或非都市土地

- 原住民保留地
- 海埔地
- 地下水管制區
- 工業區

3. 開發規模

在敏感的區位上通常不容許從事具有高度風險的開發行為（或僅容許小規模的開發）。對於不同的開發內容以及開發區位，會有不同的規模上限，規模的認定可以以開發面積、產能、長度等估算之，如：

- 開發面積或擴建面積（公頃），例如：工廠設立，位於山坡地，申請開發面積 1 公頃以上
- 擴增產能百分比，例如：工廠設立，擴增產能百分之十以上者
- 開發總長度或延伸長度（公里或公尺）例如：道路新闢工程，位於國家公園總長度 2.5 公里以上；機場開發，機場跑道延長 500 公尺以上

對於超過規模上限的開發行為，均必須依規定辦理一般性環境影響評估作業。以道（公）路、高速公路或快速道（公）路的拓寬為例，在敏感的環境區位，或是開發量體超過一定的規模時，便應進行環境影響評估。例如：位於國家公園，總長度 2.5 公里以上，或挖填土石方 5 萬立方公尺以上者；位於野生動物保護區或野生動物重要棲息環境；位於水庫集水區；位於山坡地，拓寬寬度增加一車道以上且總長度 5 公里以上，或挖填土石方 5 萬立方公尺以上者；位於非都市土地，拓寬寬度增加一車道以上且長度 10 公里以上者。值得注意的是，為了避免開發行為多次變更或規避環評，我國的環評架構同時規範已完成環評審查的案件應以不超出原核定總量管制下逕行開發，申請開發應以整體面積進行環評。

二、開發行為的衝擊評估方法

　　環境衝擊評估通常是一種具有多目標（如：經濟、環境與社會）與多準則（如：BOD、DO、SS等）特性的多人決策模型，重大衝擊的認定通常也是綜合評判（synthetic decision）後的結果。一般而言，綜合評判的程序可如圖 2.7 所示，其內容包含：確認決策目標、確認評估因子、量測評估因子的現況、預測評估因子的變化量以及綜合性評估等幾個步驟。其中，評估因子現況的量測與開發行為對該項因子所造成的衝擊預測可以透過環境監測、環境模式以及問卷訪談的方式達成，在完成所有分項因子的衝擊分析後，便可進行後續的綜合評估程序。常見的綜合評估方法包含有：專家委員法、疊圖法、矩陣法、網路法、明細表法以及多準則評判法等幾種方法，各種方法的優缺點如表2.7所示，相關內容介紹則如下所述。

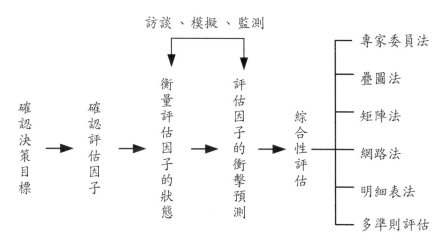

圖 2.7　綜合評判程序

表 2.7　環境評估方法之比較

方法	優點	缺點
專家委員法	1. 作業方法簡單 2. 時間與人力成本較低	1. 分析及評估過程可能因人員不同使評估準則有異 2. 可能產生各持己見或評估結果受少數權威左右之情況
疊圖法	1. 藉圖形示意利於簡報製作或與民眾溝通 2. 以電腦系統為輔，將有利分析更多環境特性	1. 不易顯示各環境因素之相對重要程度及潛在環境特性 2. 須具備較大比例尺的地形圖，若調查面積不精確將難以透過格網呈現 3. 不適用於無法以地理空間表示之環境參數
矩陣法	1. 有效處理並以摘要方式呈現龐大資料，利於了解「影響項目與人為行動引起之影響」 2. 利用一般化的方式，考慮環境因素、人為活動對環境的直接影響 3. 有效顯示計畫的全面性特質 4. 可根據環境因子數目，調整矩陣格式的大小 5. 耗費成本低	1. 除非使用加權評點，否則難以顯示主活動與替代方案的相對程度 2. 矩陣法的結果依賴主觀判斷，因此，評估者不同，結果也可能不一樣
網路法	1. 預期環境因子、影響之界定、個案分析，且提供利益團體溝通及表達管道 2. 評估者可追蹤、選取可能產生的事件，進行預測 3. 推估後續影響，擬定方法及對策	1. 對預期影響提供的資訊較少 2. 網路圖的視覺效果有時過於複雜 3. 替代方案有限
明細表法	能系統化多元的資訊及因素，有利決策者進行綜合分析	1. 因子間的作用不易表達 2. 列舉的環境項目可能重複或缺漏

1. 專家委員法

此法是結合各種領域的專家學者，以會商諮議方式，由專家學者就其專業知識與經驗累積，來評定開發方案對環境的影響程度。此種方法簡易且具彈性，美國在環境保護立法後的初期，多數的環評案皆採行此法，因為無論何種類型之評估，只需匯集對該議題有興趣或了解的專家學者，依據法規提出分項或綜合決策，交由行政單位執行即可。此種方法講求委員的公信力、客觀性與代表性，因此委員遴選的規則、委員會的組成以及委員對案例的判別標準是這個方法的成功要件。

2. 疊圖法

此法將計畫區內的環境特性與衝擊預測的資料，以空間分析的方式展示開發行為對附近區域的可能影響，有利決策者判定影響的範圍以及影響的程度，也可協助開發單位擬定開發行為的減輕方案。疊圖法的優點是它可以將不同的環境因子利用套疊分析的方式整合出一個綜合評估的結果（如圖 2.8 所示），但是因為不同的利害關係者對於環境因子的重要性判定會有所不同。因此進行疊圖分析時，必須將這些因子的權重關係納入才能獲得比較具代表性的結果，為了獲得環境因子的相對權重，層級分析法（Analytic hierarchy process, AHP）等類似的決策分析方法便常被整合於疊圖法之中。但是疊圖法不容易用於探討環境項目之間的關聯性，對於想藉由因果關聯來進行衝擊控制則不太容易。

3. 矩陣法

矩陣法是環境影響評估中最早被發展出的簡易評定方法，是一種將開發行為與環境衝擊以二元矩陣的方式羅列它們之間的關聯，以圖 2.9 的決策矩陣為例，橫軸為開發內容的行動或活動，縱軸表示某一行動或活動可能引起的環境衝擊，每一項行動或活動對環境項目所可能產生的影響程度則可記錄於對應的方格之內，利用這樣子的二元矩陣分析，決策者可以

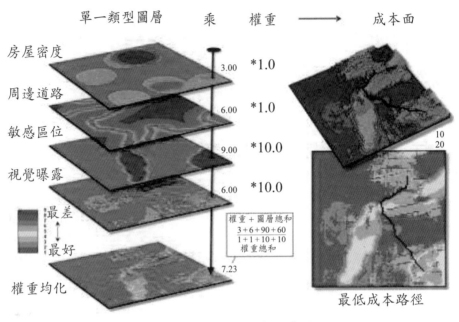

單一類型圖層　乘　權　重　⟶　成本面

房屋密度　　3.00　*1.0

周邊道路　　6.00　*1.0

敏感區位　　9.00　*10.0

視覺曝露　　6.00　*10.0

最差
↕
最好

權重＋圖層總和
3＋6＋90＋60
1＋1＋10＋10
權重總和

7.23

權重均化

10
20

最低成本路徑

圖 2.8　GIS 疊圖分析示意圖

（資料來源：http://www.innovativegis.com/basis/mapanalysis/topic19/topic19.htm）

根據開發內容與衝擊程度進一步擬定適當的衝擊減輕對策。以水庫興建為案例（如圖 2.9 所示），將水庫的興建分成開發與營運階段，並分別列出這兩個階段的開發內容，定義開發內容可能引起的衝擊項目與衝擊程度，並根據二元矩陣的分析結果擬定適當的減輕方案或管理計畫。值得注意的是，簡單的二維矩陣法不容易反映行動或活動的時間關聯性，若想進一步掌握每一個行動或活動的時間順序則可採用以下的所述的網路法。

4. 網路法

網路法是以矩陣法為基礎所發展出來的一種方法，它考量計畫、方案中的每一個組成對環境可能造成的一連串影響，並用網狀圖來描述行動來源與環境影響因子之間的因果關係，將政策或開發行為對環境所產生的一次、二次及更高層次對環境的衝擊，藉由網狀連結的方式顯示他們相互之

註：
● 主要影響
◎ 次要影響
○ 影響

開發行為		環境衝擊					
		社會		經濟		環境	
		災害—土石流	資源分配不均	乾旱—缺水	廢水流入	水庫優養化	泥沙淤積
營運階段	汙染即時監控系統				◎		
	儲水與洩洪			●			◎
	各產業供水			●			
	森林資源再生	○	○				
	水庫周邊發展觀光產業				●	◎	
開發階段	生態基流量	●					
	礦渣、腐敗物及超負荷之安置	◎				◎	●
	河流控制及流量變更	●			○		○
	植披之變更	●					
	邊坡穩定	●					

計畫與方案：
坡地保育計畫
水汙染防治計畫
流量控制計畫
景觀維護計畫
水資源調配計畫

圖 2.9　決策矩陣法——以水庫興建為例

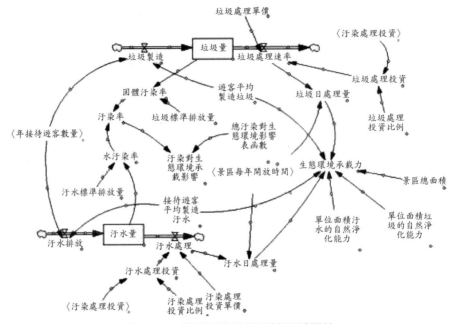

圖 2.10　遊憩區開發的環境衝擊評估

間的關係。圖 2.10 說明如何以網路法來評估一個遊憩區開發的環境衝擊評估問題。像其他量化分析方法一樣，網路法也必須避免主觀判斷所造成的決策偏差問題，因此決策過程中需要加入不同利害關係者的觀點，以溝通與討論的方式，才能解決網路法中主觀判斷的問題。

　　圖 2.11 是網路法的另一種形式，它利用系統投入與產出的方式，連結開發行為中所有的行動，以程序化的方式說明步驟與步驟之間的行為關聯，決策者可以根據行動內容來判定開發內容的合理性，並掌握每一個程序的時程與可能衝擊量。若決策者掌握了每一個行動的時程以及這些行動在執行過程中可能引起的衝擊範圍與規模，那麼開發者便可以規劃適當的減輕方案或管理計畫，環保主管機關則可以根據這樣的程序規劃擬定相關的稽核管理計畫。

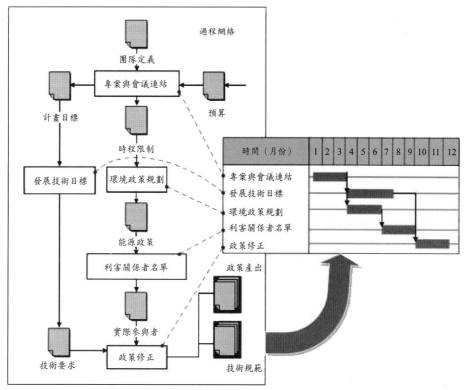

圖 2.11　開發內容程序之網路分析

5. 明細表法

　　明細表法將不同計畫活動中可能引發環境衝突的事項以列表方式說明，它可同時針對影響項目作定性及定量之分析與評估。利用此方法來界定環境衝擊時，評估者利用各種的環境資訊及評鑑知識來衡量人為活動對環境造成的衝擊程度（如表 2.8 所示）。實施明細表法前必須先進行系統範疇界定確認評估項目，再根據事先確定的環境項目逐項評估，除了質性分析外，也可以透過加權計算的方式取得量化的綜合評估結果。根據質化或量化的程度明細表法又可進一步區分成：簡易明細表法、敘述明細表法、尺度明細表法以及權動尺度明細表法等不同種類。

表 2.8　明細表法案例（請打勾）

查核及／或總結環境影響之明細表				
主題問題	是	或許	否	備註
一、土地型態：				
土壤廣闊分裂或位移？				
對土地的影響是針對精華或獨特農地？				
增加土壤風化或侵蝕？				
二、空氣／氣候個案是否引起：				
空氣汙染物之排放是否超出我國標準？或引起空氣品質惡化？（例如細懸浮微粒）				
討厭的氣味？				
改變空氣的流動、溫度或濕度？				
三、噪音─個案是否將：				
增加背景噪音值？				
四、固體廢棄物─個案是否將：				
產生大量固體廢棄物或雜物？				
五、水─個案是否引起：				
放流至公共水系？				
改變地下水質？				
汙染公共給水？				

三、一般性環境影響評估的程序

　　如圖 1.9 所示，我國現行的一般性環評審查以兩階段的方式進行，第一階段中由開發單位提交環境說明書至主管機關，並提送至環保主管機關審查，如審查結果認定開發行為具有：與周圍之相關計畫，有顯著不利之衝突且不相容；對環境資源或環境特性，有顯著不利之影響；對保育類或

珍貴稀有動植物之棲息生存，有顯著不利之影響；有使當地環境顯著逾越
環境品質標準或超過當地環境涵容能力；對當地眾多居民之遷移、權益或
少數民族之傳統生活方式，有顯著不利之影響；對國民健康或安全，有顯
著不利之影響；對其他國家之環境，有顯著不利之影響或其他經主管機關
認定的重大影響者，便須進行第二階段的審查作業。和第一階段審查不同
的是，第二階段的環評作業必須進行範疇界定，用以確認開發行為的可行
替代方案；確認開發行為應進行環境影響評估之項目；決定調查、預測、
分析及評定之方法。

　　事實上，就環境系統評估的觀點而言，進行任何的環境評估前，都
必須先依據評估的目的邀請相關的利害關係者，並共同商議環境評估的範
圍與對象，才能有效地進行後續的評估內容。雖然在第一階段的環境影響
評估中，也有「範疇界定指引表」可作為選定評估項目與評估工具時的參
考，但若開發單位未充分提供開發行為的內容與相關資訊，且在評估之前
未納入相關利害關係者的意見，則環境影響說明書內的評估內容常常會與
事實以及民眾的期待有明顯落差，也造成後續審查以及與民眾溝通時的障
礙。

　　環境影響評估的書件具有法律效力，因此第一階段環評的環境影響說
明書以及第二階段的環境影響報告書的內容都是後續稽核管理與裁罰的依
據，因此若變更書件內容則應依據變更程序（如圖 1.9 所示）進行變更。
值得注意的是，若一個開發行為於環評審查通過後三年內仍未進行開發
時，則必須進行「環境現況差異分析及對策檢討報告」，特別是針對開發
行為所在的區域有明顯的環境變遷時，若是變遷過大，原有的環境影響評
估書（或報告書）已經不符合環境現況時，則應要求從新辦理環評作業。

　　無論是政策環評或是一般性環評作業都是一種系統評估程序。他們重
視系統評估的目的、重視利害關係者的參與以及意見、重視資訊與評估工

具的正確性與合理性、重視不同目標間妥協。環境影響評估相關法律與規範的目的都是在確保每一個系統評估程序的正常進行，以及它們的評估品質。因此發生環評爭議時，除了從行政法觀點審視環評法的相關內容外，亦應從系統決策的過程來檢討每一個程序步驟的問題，如此才能真正解決目前面臨的環評爭議問題。

📖 問題與討論

1. 重大開發案件事前均需做環境影響評估，請列舉其評估內容。（90 年環工技師高考，環境規劃與管理，20 分）

2. 現行我國的環境影響評估缺乏：（93 年環境工程高考，流體力學、環境規劃與管理，1.25 分）

   A.減輕對策

   B.生態評估

   C.流行病學風險評估

   D.社經評估

3. 現行我國環境影響評估方法主要是採用：（93 年環境工程高考，流體力學、環境規劃與管理，1.25 分）

   A.專家委員法

   B.圖疊法

   C.明細表法

   D.矩陣法

4. 現行我國環境影響評估之審查作業流程，下列何者有誤？（93 年環境工程高考，流體力學、環境規劃與管理，1.25 分）

   A.主管機關應於收受環境說明書之後五十日內，會同有關機關進行審

查

B.主管機關應於收受環境說明書翌日起一個月內，決定開發單位應否
繼續進行評估

C.說明書應在適合地點陳列或揭示一個月，期滿舉行公開說明會

D.如果決定進行第二階段，應在六十日內完成審查

5. 簡述環境影響評估制度在環境管理中扮演的角色與功能。目前國內的
環評制度尚有哪些方面需要改善？（93 年環工技師高考，環境規劃與
管理，25 分）

6. 請簡要說明何為環境敏感地區（Environmentally sensitive area）。在何種
情形下，環境影響評估可能須利用環境敏感地區劃設資訊進行進一步
的評估？（94 年環工技師高考，環境規劃與管理，20 分）

7.「環境影響評估法」第五條明訂「新市區建設及高樓建築或舊市區更新」
應實施環境影響評估，但現階段之執行僅限於高樓建築之開發行為。
雖然「政府政策環境影響評估作業辦法」第三條亦有指出「土地使用
政策」若有環境影響之虞者應實施環境影響評估，但是新市區建設計
畫均未實施環境影響評估。試由環境規劃角度論述擴大都市計畫是否
應實施環境影響評估？（96 年簡任公務人員升等考，環境工程、環保
技術，環境規劃與管理，25 分）

8. 請概述環境影響評估審查作業流程，並比較區分「環境影響說明書」
與「環境影響評估報告書」之差 。（96 年環保行政二等考，環境規劃
與管理，20 分）

9.（一）何謂政策環評？（二）政策環評是要彌補環境影響評估哪些缺點？
（三）假想有一個大開發計畫，政府決定支持執行，因此發布新聞稿
「該計畫對國家發展甚為重要，有必要盡快執行，但為了保護我們的
環境，我們將找學者專家來完成環境影響評估，並將成立監督小組來

確保環境品質不受損害」，此虛擬的新聞稿有什麼地方不符合環境影響評估的精神？（96 年環保行政、環境工程、環保技術三等考，環境規劃與管理，25 分）

10. 目前行政院環境保護署已公告「離岸式風力發電機組之設置」為「應實施環境影響評估之開發行為」，請問何謂「離岸式風力發電機組」？其設置可能造成哪些環境影響？要如何進行環境影響評估？請簡要說明你的看法。（97 年環保行政、環境工程、環保技術三等考，環境規劃與管理，20 分）

11. 試探討「環境影響評估」在環境規劃與管理上之重要地位。（98 年環保行政、環保技術特考四等，環境規劃與管理概要，25 分）

12. 政府在進行政策的評估與制定時，愈來愈重視「公眾參與」。試問「公眾參與」的真諦及目的為何？應如何強化「公眾參與」？（98 年環保行政、環保技術薦任人員升等考，環境規劃與管理，25 分）

13. 試探討「環境影響評估」在環境規劃與管理上之重要地位。（98 年環保行政、環保技術地方特考，環境規劃與管理，25 分）

14. 何謂 PDCA（Plan, Do, Check, and corrective Action）？這真的是一種管理的程序嗎？還是它只是一種行動的程序，是任何想要確保組織或個人的使命或任務目的都能夠有效達成的行動都應遵循的程序？請嘗試根據管理的定義與目的申論之。（98 年環保行政、環境工程、環保技術三等考，環境規劃與管理，25 分）

15. 試針對一般營建工程施工期間，提出三個以管理手段為主，可有效降低環境影響或衝擊之措施（空氣、噪音及水汙染各提一個）。請詳細說明所持理由。（91 年環工技師高考，環境規劃與管理，25 分）

chapter 3

環境品質指標與系統狀態評估

　　開發行為與政策方案的介入會直接或間接的改變系統成員的行為特徵與功能，環境評估的目的就在於量測這些特徵或行為的變化量，並適時地加以調控。為此，決策者必須先釐清受影響的系統成員，以及可以用哪些參數來反映這些系統成員的行為特徵以及變化趨勢。系統特徵與行為的描述有各種不同的方式，其中又以指標最為常見，指標的選擇會因為開發行為或政策方案的內容差異而有所不同，因為環境系統通常具有多重功能，例如：河川水體同時具有涵容汙染物、承載水生生物、灌溉與排洪等不同功能，因此常需要複合性的指標系統來描述系統成員的行為特徵。如第一章所述，衝擊是指「有計畫」及「無計畫」的情況下環境品質（或績效）的變化，因此被選定的指標必須能夠呈現品質或績效的變化量。指標除了用來展現系統的狀態外，更重要的是提供決策者回饋修正與系統調控的資訊，因此管理者在設置指標系統時，必須思考這些指標是否能夠提供決策者充足的資訊，用以釐清問題、設計方案或調整策略。指標系統的設計通常必須在開發行為或政策方案設計階段中完成，並在執行階段中進行指標項目的量測以及相關資料的蒐集，而資料的即時性以及資料的品質控制則是指標系統設計時必須特別注意的地方。

　　從系統理論的角度來看，衝擊是指事件發生前後系統特徵或行為的變化，系統可以大如一個國家也可以小如一個設備，而事件則可以是政策、策略、行動、規範或程序。從系統觀點來看，環境衝擊評估，是指一個政策、策略、行動、規範或程序事件介入環境系統後，所引起的系統特徵變化，這特徵可以是效率、效益、品質、報酬或其他決策者關心的事情。事實上，利用系統特徵的變化量來表示衝擊量是一種相對性的概念，除了衝擊量的大小外，有時候決策者更在意的是系統特徵的變化後會不會阻礙或破壞了系統的運作，特別是當系統特徵或行為具有一定的容忍極限（如：環境品質標準）時。因此，在環境評估問題中，判定衝擊量的嚴重性前，

必須先確認是以事件前的系統特徵或是系統的容忍極限作爲衡量的基準
（Baseline），以下就針對環境中常見的環境標準進行說明。

第一節　環境標準

一、環境品質標準

　　環境品質標準是一種直接管制（Direct control）的政策工具，根據管
制對象的不同又可區分成以汙染源爲對象的排放標準，以及以環境爲對象
的環境品質標準，兩者之間的關係與差異如表 3.1 所示。簡單來說，排放
標準是以濃度限值來限制汙染物的排放量，是一種用來管制汙染源排放量
的環境標準；環境品質標準則是用來確保環境品質目標的達成，亦即確保
環境介質在正常用途下的最低品質要求，基本上環境品質標準是一種總量
管制的概念，因爲它間接規範了不同環境介質在某一個環境容量下的最大
汙染承載量。

　　爲了滿足人類與生態活動的需求、避免因爲環境介質惡化危害了人
類與生物的正常活動，政府根據環境介質（如：空氣、土壤、水體）的使
用狀況定義了各種用途的品質標準，用以確保環境用途的正常化。以陸域
地面水體（河川、湖泊）的用途爲例，政府將水體區分成甲類、乙類、丙
類、丁類與戊類等五種用途，說明各類水體的合適用途，並同時規範了相

表 3.1　排放標準與品質標準的差異

	品質標準	排放標準
管制對象	以環境爲對象	以汙染源爲對象
管制原則	總量標準	濃度標準
管制類別	用途標準	管制標準

對的水質標準（如表 3.2 所示）。

　　甲類：適用於一級公共用水、游泳。

　　乙類：適用於二級公共用水、一級水產用水。

　　丙類：適用於三級公共用水、二級水產用水、一級工業用水。

　　丁類：適用於灌溉用水、二級工業用水及環境保育。

　　戊類：適用環境保育。

　　環境品質標準是一種以目的爲導向的環境標準，它根據環境介質的用途來決定該介質的品質水準，環境品質標準常被用來作爲各項管制策略，如：削減策略、總量管制、排放許可審查的基準，這些基準可以根據環境條件的變化以及人們的品質需求進行調整。少數的情況下，環境介質以單

表 3.2　陸域地面水體（河川、湖泊）用途與水質標準

分級	陸域地面水體（河川、湖泊）基準值						
	氫離子濃度指數（pH）	溶氧量（DO）（毫克/公升）	生化需氧量（BOD）（毫克/公升）	懸浮固體（SS）（毫克/公升）	大腸桿菌群（CFU/100ML）	氨氮（NH₂-N）（毫克/公升）	總磷（TP）（毫克/公升）
甲	6.5～8.5	6.5 以上	1 以下	25 以下	50 個以下	0.1 以下	0.02 以下
乙	6.0～9.0	5.5 以上	2 以下	25 以下	5,000 個以下	0.3 以下	0.05 以下
丙	6.0～9.0	4.5 以上	4 以下	40 以下	10,000 個以下	0.3 以下	－
丁	6.0～9.0	3 以上	－	100 以下	－	－	－
戊	6.0～9.0	2 以上	－	無漂浮物且無油汙	－	－	－

目標用途的方式被使用（例如以給水為單一目的的單目標用途水庫）。但在大多數的情況下，環境介質都具有多目標的功能與用途，例如河川同時具備了休閒遊憩、生態保育、漁業養殖、灌溉與納汙的功能。對於作為多目標使用的環境介質而言，這些不同的使用目標經常是衝突的，不同的使用目標對環境品質的要求也有高低之分，而且不同使用目標所在意的品質項目經常也是截然不同的。因此，區別不同用途目標之間的重要性以及進行目標之間的妥協，是訂定特定環境介質品質標準時非常重要的步驟。

同樣的，在擬定方案或評估一個開發行為對環境所造成的衝擊時，不同利害關係者（Stakeholder）之間的對談、溝通與妥協是非常重要的，經由這樣的對談才能明確的定義衝擊（或效益）評估的項目以及這些評估項目的品質基準，確定是以事件前後的特徵變化量或是以系統的容忍極限作為衡量的基準（Baseline）。環境品質標準的制定通常需要經過非常嚴謹的生物毒性測試以及健康風險評估，但為了考慮成本、控制技術、監測技術與管制的可行性，其他相關的相關因素也會在環境品質標準制定的過程中一併納入考量（如圖 3.1 飲用水標準制定為例）。事實上，我們所關心的評估項目（例如：奈米物質、稀有重金屬、抗生素等新興汙染物）並非全部都有明確的環境品質標準，量化它們對環境的衝擊是一件不容易的事情，如果評估內容包含這些內容，衝擊評判的結果常會遭受質疑。

二、排放標準與品質標準的關係

排放標準是另外一種常見的環境標準，它以汙染源為管制對象，用以限制汙染源的汙染排放量，是一種以濃度為基準的管制標準。政策方案或開發行為的衝擊或效益評估是以環境介質為標的，而不以排放標準來認定開發行為對環境的衝擊大小。因此，符合排放標準僅是開發行為的基礎且必要條件。事實上，環境品質標準、排放標準以及容許排放量之間有非常

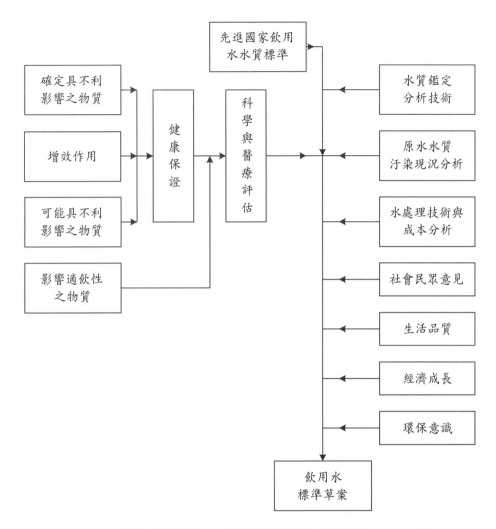

圖 3.1　環境標準的制定——以飲用水標準為例（林建三，2006）

密切的關係，例如：環境敏感區通常會有較嚴格的環境品質標準，所容許的納汙量也會相對較少，在敏感或汙染飽和的區位中進行開發也會受到較為嚴格的限制，因此開發行為除了滿足法定的排放標準外，也會可能面臨加嚴的管制標準或零排放的要求。

　　以圖 3.2 為例,汙染源在生產過程中所產生而未經削減的汙染量可稱為產出汙染量(W₀),產出汙染產生量的大小與產品的原物料以及製程有關,要降低產出汙染量可由生產規模、製程與原料等不同方向著手。為了符合政府所制定的排放標準,企業會設置各種汙染防治設備來進行汙染減量的工作,經過削減並實際排放至環境的汙染量稱為排出汙染量(W₁)。一般而言,排出汙染量的大小會受到排放標準與環境費(如:空汙費與水汙費)的影響。由於環境介質具有稀釋、沉澱、轉化與同化等自淨能力(Sclf-purification capacity),因此當排出汙染量經由環境介質流布到環境受體時,該受體所承受的汙染量則可稱之為流達汙染量(W₂)。其中,汙染流達量與汙染排出量之間的比值,稱為流達率(Delivery ratio)〔如方程式(3.1)所示〕,而流達率的大小與環境介質的自淨能力有關,在具有較高自淨能力的環境系統中流達率較小。也就是說,透過環境系統的改造(如:增加河川溶氧量、草溝設置等)可有效的降低流達汙染量。

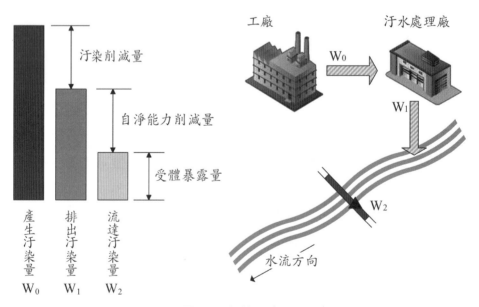

圖 3.2　汙染示意圖

$$流達率（\alpha）= \frac{汙染流達量（W_2）}{汙染排出量（W_1）} \tag{3.1}$$

　　流達量的推估，可以現地實驗的方式進行，也可以利用水質模式、空氣擴散模式等模擬模式取得。因為資訊成本的關係，政府無法在每一個環境受體進行環境品質監測，因此會選擇在敏感受體、水質條件較差或是匯流點位置進行環境監測，並將這些監測點當成環境品質的控制點，用以確認水體用途品質的達成狀況。以河川水質管理為例（如圖 3.3 所示），若流域內有五個汙染源，他們的汙染排出量分別為 $W_a \sim W_f$，若流域內共有 $S_1 \sim S_4$ 四個水質控制點，則這四個水質控制的總承受汙染量，將分別如方程式（3.2）～（3.5）所示，其中 α_{ij} 代表第 i 個汙染源至第 j 個水質測站的流達率。

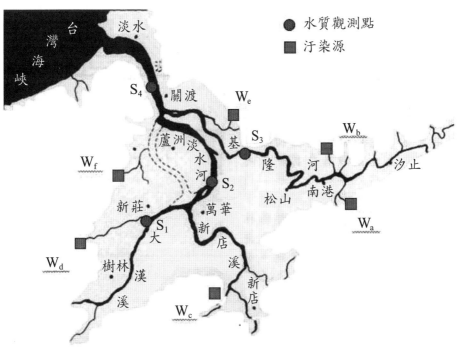

圖 3.3　河川水質管理

$$S_1 = W_d \times \alpha_{d1} \tag{3.2}$$

$$S_2 = W_d \times \alpha_{d2} + W_c \times \alpha_{c2} \tag{3.3}$$

$$S_3 = W_a \times \alpha_{a3} + W_b \times \alpha_{b3} \tag{3.4}$$

$$S_4 = W_a \times \alpha_{a4} + W_b \times \alpha_{b4} + W_c \times \alpha_{c4} + W_d \times \alpha_{d4} + W_e \times \alpha_{e4} + W_f \times \alpha_{f4} \tag{3.5}$$

　　若以環境品質標準以 C 表示，V 代表環境容量，則 CV 值可被視爲環境的可承載總量。若承載量 W 以 $W = \sum_i \alpha_i (c_i \times q_i)$ 的方程表示。方程式中的 α_i 表示第 i 個汙染源至品質標準點的流達率，q_i 表示第 i 個汙染源的排出流量，則 c_i 大約就等於排放標準。利用圖 3.4 就可以了解品質標準與排放標準之間的關係，當一個開發方案所帶來的環境增量使得總承載量超過環境的可承載總量時，這個開發方案便應考慮改變規模或另提替代方案，避免因開發方案的介入使得環境介質無法發揮它們正常的功能與用途。環境品質標準確保了環境介質的正常使用，也決定了一個區域的可承載汙染總量，若以總量管制的概念來進行環境衝擊評估，使開發方案所引起的環境衝擊量限縮在容許的增量範圍之內，那麼便可避免開發方案破壞了環境

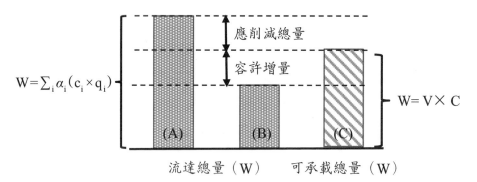

圖 3.4　容許增量、應削減汙染量與可承載總量關係圖

介質的正常使用。但是，如何評估環境承載量（Carry capacity）是一件非常不容易的事情，尤其是對於具有累積性或延遲性的環境品質項目。

第二節　綜合性環境品質指標

　　環境指標常被用來說明現有環境品質的狀況或評估一個方案或開發行為對環境的衝擊，指標的選擇需與評估內容直接相關，觀察一個複雜系統的行為或特徵變化通常要一個以上的評估指標，因此除了以單一指標來說明系統特徵（如：品質或效益）的變化外，也會利用複合性指標系統來說明整體性的系統行為，例如：河川汙染指標（RPI），它是由溶氧量（DO）、生化需氧量（BOD_5）、氨氮含量（NH_3-N）與懸浮固體量（SS）等四個單一性環境指標所組成，它被用來說明河川受有機性汙染的嚴重程度。然而，河川汙染指標卻無法反映河川中重金屬或其他新興汙染物的汙染的程度。每一種綜合性的指標都有它的定義、目的與限制，指標的選擇必須能夠反映評估的目的以及受評估系統的行為變化，指標系統雖然可以用來評估一個系統的特徵與行為變化，但大部分的指標系統並無法用來解釋指標之間的因果與動態關聯，因此僅由指標分析結果來進行系統行為的控制與管理是很困難的。如果要以回饋控制來達成品質（或衝擊量）管理的目的，則指標的設計須以系統理論的投入、系統與產出的概念進行設計，且指標之間的關聯分析亦須同步進行。以下便針對環境評估中常見的品質指標進行說明：

一、空氣品質指標

　　台灣空氣汙染指標（Pollutant standards index, PSI）創立於 1993 年，是空氣汙染情況的一項指標，這項綜合型指標系統選擇以空氣中懸浮微

粒（PM_{10}）（粒徑 10 微米以下之細微粒）、二氧化硫（SO_2）、二氧化氮（NO_2）、一氧化碳（CO）及臭氧（O_3）濃度等指標項目，來說明空氣品質對人體健康的影響程度，並依據影響程度的等級將 PSI 區分成：良好、不良、普通、非常不良與有害等 5 個等級（如表 3.3 所示）。計算的方式是將監測資料利用表 3.4 分別換算出不同汙染物之副指標值，再以當日各副指標值之最大值為該測站當日之空氣汙染指標值（PSI）。這一類的空氣汙染指標主要作為區域性空氣品質維護與管理之用，無法評估特殊開發行為（如：化工廠、焚化設施、工業區設置）對環境的衝擊，因為評估指標

表 3.3 空氣汙染指標（PSI）與健康影響

空氣汙染指標（PSI）	0～50	51～100	101～199	200～299	≧ 300
對健康的影響	良好	普通	不良	非常不良	有害
	Good	Moderate	Unhealthful	Very unhealthful	Hazardous
狀態色塊					
人體健康影響	對一般民眾身體健康無影響	對敏感族群健康無立即影響	對敏感族群會有輕微症狀惡化的現象，如臭氧濃度在此範圍，眼鼻會略有刺激感	對敏感族群會有明顯惡化的現象，降低其運動能力；一般大眾則視身體狀況，可能產生不同症狀	對敏感族群除了不適症狀顯著惡化並造成某些疾病提早開始；減低正常人的運動能力

資料來源：行政院環境保護署空氣品質監測網，瀏覽日期：2015 年 7 月 14 日，網址：http://taqm.epa.gov.tw/taqm/tw/default.aspx。

表 3.4　汙染物濃度與汙染副指標值對照表

汙染物	PM$_{10}$	SO$_2$	CO	O$_3$	NO$_2$
統計方式	24 小時平均值	24 小時平均值	24 小時內最大 8 小時平均值	24 小時內最大小時值	24 小時內最大小時值
單位　　PSI 值	μg/m^3	ppb	ppm	ppb	ppb
50	50	30	4.5	60	-
100	150	140	9	120	-
200	350	300	15	200	600
300	420	600	30	400	1200
400	500	800	40	500	1600
500	600	1000	50	600	2000

沒有直接對應開發內容的行為，對於這一類特殊性開發行為的環境衝擊評估，除了以 PSI 指標進行空氣品質衡量外，也必須根據開發行為的排汙特性選擇適當的評估指標，如：AALG（Ambient air level goal）對環境品質的建議值，來評估他們對環境造成的衝擊。

案例 3.1

　　表 3.5 為台灣地區某一個空氣品質測站的空氣汙染物濃度，請問當日之 PSI 值為何及空氣品質類別是屬於何種？

表 3.5   汙染物監測值

時間	PM$_{10}$ (μg/m^3)	SO$_2$ (ppb)	CO (ppm)	O$_3$ (ppb)	NO$_2$ (ppb)
0	117	71	1.1	21	43
1	121	62	1.05	23	900
2	127	78	0.99	22	850
3	133	79	0.82	28	790
4	130	67	0.81	19	770
5	119	63	0.65	26	900
6	96	55	0.7	26	470
7	94	48	0.88	30	86
8	95	56	0.79	54	62
9	104	53	0.65	70	820
10	107	51	0.75	66	68
11	113	68	0.77	70	1594
12	125	56	0.73	77	85
13	121	41	0.66	81	730
14	120	75	0.75	66	86
15	117	41	0.75	66	70
16	117	40	0.69	59	730
17	98	70	0.65	59	87
18	82	51	0.66	57	550
19	74	42	0.65	49	1888
20	67	48	0.45	59	70
21	53	44	0.42	59	74
22	33	58	0.43	48	600
23	28	58	0.46	41	43

解答 3.1：空氣品質副指標計算

1. PM_{10} 副指標計算

   PM_{10} 副指標是將 24 小時之 PM_{10} 平均濃度值進行 PSI 值的內插，所以從表 3.5 中，需先將 24 小時之 PM_{10} 平均濃度值求出，其方程式如下：

   $$PM_{10(A)} = \frac{\sum_0^{23}(PM_{10(T)})}{24} = 99.63 \tag{3.6}$$

其中：

   $PM_{10(A)}$：24 小時之 PM_{10} 平均濃度值；

   $PM_{10(T)}$：每一小時之 PM_{10} 濃度值

從方程式（3.6）結果，可得知 PM_{10} 在 24 小時中平均值為 99.63μg/m^3，空氣品質中 PM_{10} 副指標則根據 PM_{10} 的 PSI 指標進行內插，即可求出 PM_{10} 副指標，其方程式（3.7）。

$$\frac{PM_{10(I)} - 50}{100 - 50} = \frac{99.63 - 50}{150 - 50} \Rightarrow PM_{10(I)} = 74.82 \tag{3.7}$$

其中，$PM_{10(I)}$：PM_{10} 副指標

2. SO_2 副指標計算

   SO_2 副指標與 PM_{10} 副指標的計算方式一樣，主要是利用 SO_2 在 24 小時內的平均值作為指標，如方程式（3.8）：

   $$SO_{2(A)} = \frac{\sum_0^{23}(SO_{2(T)})}{24} = 59.67 \tag{3.8}$$

其中：

   $SO_{2(A)}$：24 小時之 SO_2 副指標；

$SO_{2(T)}$：每一小時之 SO_2 濃度值

從方程式（3.8）中，可得知 SO_2 在 24 小時中平均值爲 59.67 ppb，空氣品質中 SO_2 副指標則根據 SO_2 的 PSI 指標進行內插，即可求出 SO_2 副指標，如方程式（3.9）：

$$\frac{SO_{2(I)} - 50}{100 - 50} = \frac{59.67 - 30}{140 - 30} \Rightarrow SO_{2(I)} = 63.49 \tag{3.9}$$

其中，$SO_{2(I)}$：SO_2 副指標

3. CO 副指標計算

CO 副指標最主要是利用 24 小時內最大 8 小時的平均測值作爲指標，所以從表 3.5 中，可發現 24 小時中的最大 8 小時 CO 測值分別爲 1.1ppm、1.05ppm、0.99ppm、0.88ppm、0.82ppm、0.81ppm、0.79ppm、0.77ppm，而後將其 CO 測值進行平均，如方程式（3.10）所示：

$$CO_{(A)} = \frac{\sum_{0}^{8}(CO_{(T)})}{8} = 0.90 \tag{3.10}$$

其中：

$CO_{(A)}$：24 小時中最大 8 小時之 CO 平均測值；

$CO_{(T)}$：24 小時中最大 8 小時之 CO 濃度平均值

從方程式（3.10）中，可得知 CO 在 24 小時中最大 8 小時之 CO 平均測值爲 0.90ppm，但此濃度低於 CO 的 PSI 最低標準，故其副指標爲 ＜4.5

4. O_3 副指標計算

O_3 副指標是利用 24 小時內最大的濃度值作爲指標，所以從表 3.5 中，

可發現 24 小時中的最大 O₃ 測值為 81，空氣品質中 O₃ 副指標則根據 O₃ 的 PSI 指標進行內插，即可求出 O₃ 副指標，如方程式（3.11）。

$$\frac{O_{3(I)}-50}{100-50}=\frac{81-60}{120-60} \Rightarrow O_{3(I)}=67.5 \tag{3.11}$$

其中，$O_{3(I)}$：O₃ 副指標

5. NO₂ 副指標計算

NO₂ 副指標與 O₃ 副指標同理，所以從表 3.5 中，可發現 24 小時中的最大 NO₂ 測值為 1888 ppb，空氣品質中 NO₂ 副指標則根據 NO₂ 的 PSI 指標進行內插，即可求出 NO₂ 副指標，其如方程式（3.12）。

$$\frac{NO_{2(I)}-400}{500-400}=\frac{1888-1600}{2000-1600} \Rightarrow NO_{2(I)}=472 \tag{3.12}$$

其中，$NO_{2(I)}$：NO₂ 副指標

從以上的計算結果，本案例將其結果整理如表 3.6 所示

結果所示，從中可以發現 NO₂ 為最大的副指標值，因此 NO₂ 為當日的空氣汙染指標值，且對應表 3.6，可得當日的空氣品質為有害等級。

表 3.6　各空氣品質副指標之表格

汙染物	PM_{10}	SO_2	CO	O_3	NO_2
副指標值	74.82	63.49	< 50	67.5	472
PSI	472				

　　台灣空氣品質指標（Air quality index, AQI）創立於 2016 年 12 月，是空氣品質情況的一項指標，這項綜合型指標系統選擇以空氣中懸浮微

粒（PM$_{10}$，粒徑 10 微米以下之細微粒、PM$_{2.5}$，粒徑 2.5 微米以下之細微粒）、二氧化硫（SO$_2$）、二氧化氮（NO$_2$）、一氧化碳（CO）及臭氧（O$_3$）濃度等指標項目，來說明空氣品質對人體健康的影響程度，並依據影響程度的等級將 AQI 區分成：良好、普通、對敏感族群不健康、對所有族群不健康、非常不健康、危害等 6 個等級（見表 3.7）。計算的方式是將監測資料利用表 3.8 分別換算出不同汙染物之副指標值，再以當日各副指標值之最大值為該測站當日之空氣品質指標值。

表 3.7　空氣品質指標（AQI）與健康影響

AQI	0～50	51～100	101～150	151～200	201～300	301～500
對健康的影響	良好	普通	對敏感族群不健康	對所有族群不健康	非常不健康	危害
	Good	Moderate	Unhealthy for Sensitive Groups	Unhealthy	Very Unhealthy	Hazardous
狀態色塊						
人體健康影響	空氣品質為良好，汙染程度低或無汙染。	空氣品質普通；但對非常少數之極敏感族群產生輕微影響。	空氣汙染物可能會對敏感族群的健康造成影響，但是對一般大眾的影響不明顯。	對所有人的健康開始產生影響，對於敏感族群可能產生較嚴重的健康影響。	健康警報：所有人都可能產生較嚴重的健康影響。	健康威脅達到緊急，所有人都可能受到影響。

表 3.8　汙染物濃度與汙染副指標值對照表

汙染物	PM$_{2.5}$	PM$_{10}$	SO$_2$	CO	O$_3$	O$_3$	NO$_2$
統計方式	24 小時平均值	24 小時平均值	24 小時平均值	8 小時平均值	8 小時平均值	小時值 ^{A}	小時平均值
單位 ╲ AQI 值	μg/m^3	μg/m^3	ppb	ppm	ppm	ppm	ppb
0~50	0.0~15.4	0~54	0~35	0~4.4	0.000~0.054	–	0~53
51~100	15.5~35.4	55~125	36~75	4.5~9.4	0.055~0.07	–	54~100

表 3.8　汙染物濃度與汙染副指標值對照表（續）

汙染物	PM$_{2.5}$	PM$_{10}$	SO$_2$	CO	O$_3$	O$_3$	NO$_2$
101~150	35.5~54.4	126~254	76~185	9.5~12.4	0.071~0.085	0.125~0.164^C	101~360
151~200	54.5~150.4	255~354	186~304	12.5~15.4	0.086~0.105	0.165~0.204^C	361~649
201~300	150.5~250.4	355~424	305~604	15.5~30.4	0.106~0.2	0.205~0.404^C	650~1249
301~500	250.5~500.4	425~604	605~1004	30.5~50.4	^{B}	0.405~0.604^C	1250~2049

註：A. 一般以臭氧（O$_3$）8 小時值計算各地區之空氣品質指標（AQI）。但部分地區以臭氧（O$_3$）小時值計算空氣品質指標（AQI）是更具有預警性，在此情況下，臭氧（O$_3$）8 小時與臭氧（O$_3$）1 小時之空氣品質指標（AQI）則皆計算之，取兩者之最大值作爲空氣品質指標（AQI）。

　　B. 空氣品質指標（AQI）301 以上之指標值，是以臭氧（O$_3$）小時值計算之，不以臭氧（O$_3$）8 小時值計算之。

　　C. 空氣品質指標（AQI）200 以上之指標值，是以二氧化硫（SO$_2$）24 小時值計算之，不以二氧化硫（SO$_2$）小時值計算之。

案例 3.2

　　表 3.9 爲台灣地區某一個空氣品質測站的空氣汙染物濃度，請問第 32 小時之 AQI 值爲何及空氣品質類別是屬於何種？

表 3.9　台灣某處空氣品質監測站之 1.5 天測值

Time (hr)	PM$_{2.5}$ (μg/m^3)	PM$_{10}$ (μg/m^3)	SO$_2$ (ppb)	CO (ppm)	O$_3$ (ppm)	NO$_2$ (ppb)
1	136	204	775	4.5	0.155	573
2	205	307.5	120	3.4	0.055	1662
3	106	159	566	2.6	0.163	1252
4	290	435	311	2.7	0.135	1098
5	172	258	486	3.6	0.107	1952
6	246	369	770	2.8	0.159	636
7	290	435	717	2.4	0.046	859
8	187	280.5	484	3.2	0.166	1364

表 3.9　台灣某處空氣品質監測站之 1.5 天測值（續）

Time (hr)	PM$_{2.5}$ (μg/m^3)	PM$_{10}$ (μg/m^3)	SO$_2$ (ppb)	CO (ppm)	O$_3$ (ppm)	NO$_2$ (ppb)
9	342	513	914	3.7	0.245	615
10	62	93	643	4.3	0.06	791
11	361	541.5	386	2.2	0.165	642
12	31	46.5	511	2.6	0.187	237
13	66	99	283	3.9	0.023	1792
14	241	361.5	812	3.9	0.008	1103
15	202	303	544	2.9	0.127	1180
16	252	378	573	2.3	0.096	2035
17	269	403.5	385	3.5	0.051	1931
18	78	117	919	3.5	0.031	703
19	323	484.5	507	3.9	0.022	755
20	356	534	656	4.4	0.069	1602
21	127	190.5	517	4.8	0.096	1898
22	192	288	737	4.6	0.047	1309
23	320	480	336	2.9	0.053	1812
24	80	120	996	4.6	0.006	1869
25	228	342	692	3.5	0.152	1758
26	235	352.5	661	3.5	0.237	763
27	268	402	902	3.6	0.021	763
28	258	387	458	4.9	0.194	1773
29	328	492	233	2.8	0.089	708
30	110	165	537	2.9	0.249	294
31	338	507	826	2.1	0.148	561

表 3.9　台灣某處空氣品質監測站之 1.5 天測值（續）

Time (hr)	$PM_{2.5}$ ($\mu g/m^3$)	PM_{10} ($\mu g/m^3$)	SO_2 (ppb)	CO (ppm)	O_3 (ppm)	NO_2 (ppb)
32	356	534	433	2.2	0.165	1100
33	319	478.5	923	2.4	0.225	60
34	252	378	557	1.6	0.065	1838
35	299	448.5	341	3.8	0.129	856

解答 3.2：空氣品質副指標計算

1. $PM_{2.5}$ 副指標計算

$PM_{2.5}$ 副指標是將前 24 小時之 $PM_{2.5}$ 平均濃度值進行 AQI 值的內插，所以從表 3.8 中，需先將前 24 小時之 $PM_{2.5}$ 平均濃度值求出，如下方程式（3.13）：

$$PM_{2.5(A)} = \frac{\sum_{9}^{32}(PM_{2.5(T)})}{24} = 225.95(\mu g/m^3) \tag{3.13}$$

其中：

　　　$PM_{2.5(A)}$：24 小時之 $PM_{2.5}$ 平均濃度值；

　　　$PM_{2.5(T)}$：每一小時之 $PM_{2.5}$ 濃度值

從方程式（3.13）結果，可得知 $PM_{2.5}$ 在 24 小時中平均值為 225.95μg/ m^3，空氣品質中 $PM_{2.5}$ 副指標則根據 $PM_{2.5}$ 的 AQI 指標進行內插，即可求出 $PM_{2.5}$ 副指標，其方程式（3.14）。

$$\frac{PM_{2.5(I)} - 201}{300 - 201} = \frac{225.95 - 150.5}{250.4 - 150.5} \Rightarrow PM_{2.5(I)} = 275.77 \tag{3.14}$$

其中：

  $PM_{2.5(I)}$：$PM_{2.5}$ 副指標

2. PM_{10} 副指標計算

PM_{10} 副指標與 $PM_{2.5}$ 副指標的計算方式一樣，主要是利用 PM_{10} 在 24 小時內的平均值進而內插計算其 AQI 副指標，平均值計算如方程式（3.15）：

$$PM_{10(A)} = \frac{\sum_{9}^{32}(PM_{10(T)})}{24} = 338.94\,(\mu g/m^3) \tag{3.15}$$

其中：

  $PM_{10(A)}$：24 小時之 PM_{10} 平均濃度值；

  $PM_{10(T)}$：每一小時之 PM_{10} 濃度值

從方程式（3.15）結果，可得知 PM_{10} 在 24 小時中平均值爲 338.94μg/m³，空氣品質中 PM_{10} 副指標則根據 PM_{10} 的 AQI 指標進行內插，即可求出 PM_{10} 副指標，其方程式（3.16）。

$$\frac{PM_{10(I)} - 151}{200 - 151} = \frac{338.94 - 255}{354 - 255} \Rightarrow PM_{10(I)} = 192.55 \tag{3.16}$$

其中：

  $PM_{10(I)}$：PM_{10} 副指標

3. SO_2 副指標計算

SO_2 副指標與 PM_{10} 副指標的計算方式一樣，主要是利用 SO_2 在 24 小時內的平均值進而內插計算其 AQI 副指標，平均值計算如方程式（3.17）：

$$SO_{2(A)} = \frac{\sum\limits_{9}^{32}(SO_{2(T)})}{24} = 602.54\text{(ppb)} \tag{3.17}$$

其中：

$SO_{2(A)}$：24 小時之 SO_2 平均濃度；

$SO_{2(T)}$：每一小時之 SO_2 濃度值

從方程式（3.17）中，可得知 SO_2 在 24 小時中平均值為 602.54ppb，空氣品質中 SO_2 副指標則根據 SO_2 的 AQI 指標進行內插，即可求出 SO_2 副指標，如方程式（3.18）：

$$\frac{SO_{2(I)} - 201}{300 - 201} = \frac{602.54 - 305}{604 - 305} \Rightarrow SO_{2(I)} = 299.52 \tag{3.18}$$

其中：

$SO_{2(I)}$：SO_2 副指標

4. CO 副指標計算

CO 副指標最主要是利用 8 小時的平均測值並且利用內插作為 AQI 指標，平均值方程式（3.19）所示：

$$CO_{(A)} = \frac{\sum\limits_{25}^{32}(CO_{(T)})}{8} = 3.18\text{(ppm)} \tag{3.19}$$

其中：

$CO_{(A)}$：8 小時之 CO 平均測值；

$CO_{(T)}$：每小時 CO 濃度值

從方程式（3.19）中，可得知 CO 在 8 時中平均值為 3.18ppm，空氣品質中 CO 副指標則根據 CO 的 AQI 指標進行內插，即可求出 CO 副

指標，如方程式（3.20）：

$$\frac{CO_{(I)}-0}{50-0}=\frac{3.18-0}{4.4-0}\Rightarrow CO_{(I)}=36.14 \qquad （3.20）$$

其中：

$CO_{(I)}$：CO 副指標

5. O_3 副指標計算

O_3 副指標最主要是利用 8 小時的平均測值並且利用內插作爲 AQI 指標，平均值方程式（3.21）所示：

$$O_{3(A)}=\frac{\sum_{25}^{32}(O_{3(T)})}{8}=0.16\ (ppm) \qquad （3.21）$$

其中：

$O_{3(A)}$：8 小時之 O_3 平均測值；

$O_{3(T)}$：每小時 O_3 濃度值

從方程式（3.21）中，可得知 CO 在 8 時中平均值爲 0.16ppm，空氣品質中 O_3 副指標則根據 O_3 的 AQI 指標進行內插，即可求出 O_3 副指標，如方程式（3.22）：

$$\frac{O_{3(I)}-201}{300-201}=\frac{0.16-0.106}{0.2-0.106}\Rightarrow O_{3(I)}=257.87 \qquad （3.22）$$

其中：

$O_{3(I)}$：O_3 副指標

6. NO_2 副指標計算

NO_2 副指標是以當小時之測值進行內插換算，所以從表 3.5 中，可發

現第 32 小時 NO₂ 測值爲 1100ppb，空氣品質中 NO₂ 副指標則根據 NO₂ 的 AQI 指標進行內插，即可求出 AQI 副指標，其如方程式（3.23）。

$$\frac{NO_{2(I)} - 201}{300 - 201} = \frac{1100 - 650}{1249 - 650} \Rightarrow NO_{2(I)} = 275.37 \qquad (3.23)$$

其中：

$NO_{2(I)}$：NO₂ 副指標

將以上的計算結果整理如表 3.10 所示，可以發現 SO₂ 爲最大的副指標值，因此 SO₂ 爲當日的空氣汙染指標值，且對應表 3.7，可得當日的空氣品質爲非常不健康（紫色）等級。

表 3.10　各空氣品質副指標之表格

汙染物	$PM_{2.5}$	PM_{10}	SO_2	CO	O_3	NO_2
副指標值	275.77	192.55	299.52	36.14	257.87	275.37
AQI	299.52					

二、水體品質標準

不同產業的生產（或活動）過程會有不同的水質與水量需求，他們對於水質的要求，會依據水的用途差異而不同，每一種用途都有他們最低的品質要求，若水體必須滿足不同產業的不同用途要求，那麼這個具有多目標、多用途的水體，其水質品質標準應以各用途中最高水質要求者作爲標準。水體品質標準設置的目的除了保護水體水質可滿足各種用途外，也常作爲汙染防治與環境品質維護工作的管理目標。根據水體的水文特性通常把水體區分爲湖泊（水庫）、河川以及河口海洋等幾大類，也因爲人類活動與環境條件的差異，不同水體所面臨的水質管理問題也不盡相同，以下

針對不同水體的品質指標進行說明。

1. 優養化指標

優養化（Eutrophication）是指湖泊、河流與水庫等水體，因含有過多氮、磷等營養物質、長時間的滯留以及充分日照等環境因素，加速藻類及其他浮游生物的繁殖，最後導致藻類、浮游生物、植物、水生物和魚類衰亡甚至絕跡的一種汙染現象。河川湖泊在經過長期的優養化過程後，有效容量會逐漸減少最後就變成沼澤或陸地，湖泊與水庫是區域性水資源調配的重要設施，因此湖泊、水庫的有效容量以及湖泊水庫的水體品質維護是相當重要的環境議題。建立湖泊與水庫優養化指標系統時，必須依據優養化的機制與評估目的進行因子選擇。從系統理論的觀點來看，因子的選擇可以由系統投入、系統操作以及系統產出等幾個面向著手，在系統投入面上可考慮上游集水區的土地利用以及水庫湖泊的氮、磷負荷量；在系統操作面上可以考慮以水力停留時間、水深、光照等與優養化機制相關的各種因子作為評估指標；在產出面上則可以優養化可能造成的現象（如：藻類含量、微生物型態與數量以及透明度等）作為評估的指標，比如最常被用來評估水庫與湖泊水體優養化的卡爾森指數（Carlson trophic state index, CTSI），它以水中的透明度（SD）、葉綠素 a（Chl-a）及總磷（TP）等三項水質參數作為評估優養化程度的指標。基本上，它是一種以系統產出為導向的評估方式，若是評估的內容涉及了水庫與湖泊的營運績效問題時，則投入面與操作面的指標亦應一併納入。卡爾森指數的計算方法如下所示，若卡爾森指數在 40 以下者為貧養（水質較佳），指數在 40～50 之間為普養，指數在 50 以上者則為優養（水質較差）。

$$卡爾森指數（CTSI）= \frac{SI(SD)+TSI(Chl-a)+TSI(TP)}{3} \qquad （3.24）$$

其中：

TSI (SD) = 60 − 14.41×ln (SD)

TSI (Chl-a) = 30.6 + 9.81×ln (Chl-a)

TSI (TP) = 4.15 + 14.42×ln (TP)

SD = 透明度（m）

Chl-a = 葉綠素 a 的濃度（μg/L）

TP = 總磷濃度（μg/L）

案例 3.3

　　德基水庫在 99 年所測定到透明度 2.2m、總磷濃度為 30μg/L 及葉綠素 a 為 8.2μg/L，請問此水庫在 99 年的卡爾森水體優養指數值為多少，其水庫之優養化指標是屬於何種階段？

解答 3.3

TSI (SD) = 60 − 14.41×ln (2.2) = 48.64

TSI (Chl-a) = 30.6 + 9.81×ln (8.2) = 51.24

TSI (TP）= 4.15 + 14.42×ln (30) = 47.35

故，CTSI 指標 = (48.64 + 51.24 + 47.35) / 3 = 49.08，屬普養情況。

---

2. 河川汙染指數

　　河川汙染指數（River pollution index, RPI）由溶氧量（DO）、生化需氧量（BOD₅）、氨氮（NH₃-N）與懸浮固體量（SS）等四項水質參數所組成的，它常被用來評估河川的汙染程度。評估者只需參考「河川汙染指標等級分類表（如表 3.11 所示）」，分別計算這四項參數的汙染指數（Sᵢ），在計算汙染指數的平均值後，便可求得受評估對象的河川汙染指數。如表 3.7 所示，當 RPI 大於 6 為嚴重汙染；RPI 值介於 3〜6 之間為中度汙染；RPI 值介於 2〜3 為輕度汙染；RPI 值小於 2 為未受汙染。

表 3.11　河川汙染指標（RPI）等級分類表

汙染等級／項目	未稍受汙染	輕度汙染	中度汙染	嚴重汙染
溶氧量（DO）mg/L	6.5 以上	4.6～6.5	2.0～4.5	2.0 以下
生化需氧量（BOD）mg/L	3.0 以下	3.0～4.9	5.0～15	15 以上
懸浮固體（SS）mg/L	20 以下	20～49	50～100	100 以上
氨氮（NH_3-N）mg/L	0.5 以下	0.5～0.99	1.0～3.0	3.0 以上
汙染指數	1	3	6	10
RPI 值	2.0 以下	2.0～3.0	3.1～6.0	6.0 以上

註：1. 表內之積分數爲溶氧量、BOD_5、SS 及 NH_3-N 點數平均值。
　　2. 溶氧量、BOD_5、SS 及 NH_3-N 均採用平均值。

$$RPI = \frac{1}{4} \sum_{i=1}^{4} S_i \qquad\qquad (3.25)$$

案例 3.4

　　筏子溪的水質採樣及分析後，發現其氨氮濃度爲 0.71mg/L、溶氧量爲 3.1mg/L、生化需氧量爲 22mg/L 及懸浮微粒爲 15mg/L，試問其河川汙染指標爲何，並且是屬於哪一河川汙染等級？（對應表格請參考表 3.11）

解答 3.4

溶氧 = 3.1 mg/L，換算得點數爲 N1 = 6.0（中度汙染）

氨氮 = 0.71 mg/L，換算得點數爲 N2 = 3.0（輕度汙染）

懸浮固體 = 15 mg/L，換算得點數爲 N3 = 1.0（未稍受汙染）

生化需氧量 = 22 mg/L，換算得點數爲 N4 = 10.0（嚴重汙染）

故，RPI = (6.0 + 3.0 + 1.0 + 10.0) / 4 = 5。從 RPI 值可對應表 3.4 的等級分類表，可得知本題的 RPI 介於中度汙染（3.1～6.0），故此河川水質被分類爲中度河川汙染。

3. 水質品質指標

　　水質品質指標（Water quality index, WQI）屬於物化性的綜合性水質指標，是 Horton 於 1965 年首先創立，他選定出較為重要的水質項目，並在給予不同的權重後估算水體的品質狀態。1970 年美國衛生基金協會（National sanitation foundation, NSF）依循這樣的概念，採用德爾菲專家問卷方式（Delphi method），對 142 位專家做意見調查，以客觀的方式選取出其中九項水質參數作為評判水體品質良莠的依據，稱為 NSF-WQI 指標系統。為了發展本土化的水體品質指標，溫清光教授於 1990 年發展了本土性的 WQI_8 水質指標系統，行政院環保署於 2007 年重新檢討 WQI_8 的參數項目，刪除導電度後，修正為 WQI_7（見方程式 3.26），其包含 DO、BOD、pH 值、NH_3-N、大腸桿菌群（總菌落數）、SS 及 TP 共 7 項參數，各參數的權重依序為 0.24、0.18、0.13、0.15、0.12、0.11、0.07。WQI_7 的水質點數及水質等級分類見表 3.12、表 3.13。此外，考量到水質資料可能缺乏某項水質參數，故利用方程式（3.26）修正指標權重值（翁煥廷，2010）。

$$WQI_7 = \frac{1}{10} \sum_{i=1}^{n} [W_i Q_i]^{1.5} \qquad (3.26)$$

其中：

　　W_i：第 i 項水質參數之權重

　　Q_i：第 i 項水質參數之點數，數值由 0 至 100

　　n：水質參數個數

$$W_i = \frac{1}{\sum_{j=1}^{6} W_j} W_j \qquad (3.27)$$

其中：

　　W_i：第 i 項水質參數之權重

W_j：該水質參數之原有權重，j = 1, 2, ...6，即缺項水質參數不算在內。

案例 3.5

　　105 年度二仁溪某測站的水質 pH 為 7.8、DO 飽和度為 38.4%、BOD 為 2.1 mg/L、NH_3-N 為 1.74 mg/L、大腸桿菌數為 61,000 CFU/100mL、懸浮微粒為 41.8 mg/L、總磷為 0.713 mg/L，試問其河川水質參數為何？，其水質參數是屬於哪一種水質指標範圍及類別？（計算方式及分類表請參照表 3.12 及表 3.13）

表 3.12　WQI_7 水質點數之計算方程式

水質參數	權重	單位	參數範圍	限制條件	點數（q_i）
DO	0.24	飽和度（小數）	$0 < X \leq 1.4$	X > 1.4, $q_i = 50$ X = 0, $q_i = 0$	$200.5x^6 - 738.28x^5 + 1020.1x^4 - 811.71x^3 + 412.24x^2 + 15.521x - 0.0045$
BOD	0.18	mg/L	$0 < B \leq 30$	If B = 0, $q_i = 100$ If B > 30, $q_i = 0$	$(-31.24B + 943.3)/(B + 9.337)$
pH	0.13	-	$5 \leq pH \leq 7.5$	If pH < 5, $q_i = 0$	$-2.6667pH^3 + 48pH^2 - 255.33pH + 440$
			$7.5 < pH \leq 10$	If pH > 10, $q_i = 0$	$-2.3333pH^3 + 60.5pH^2 - 47.17pH + 1785$
NH_3-N	0.15	mg/L(as N)	$0 < N < 1$	If N = 0, $q_i = 100$ If N ≧ 6, $q_i = 0$	$29.665N^2 - 88.871N + 99.339$
			$1 \leq N < 6$		$0.6667N^2 - 12.667N + 52$
大腸桿菌群	0.12	$X = \log(\frac{CFU}{100mL})$	$0 \leq X \leq 3.7$	If X > 6, $q_i = 0$	$-0.0308x^2 - 5.8335x + 100$
			$3.7 < X \leq 6$		$10.836x^2 - 138.72x + 442.3$
SS	0.11	mg/L	$0 \leq S \leq 1000$	If S > 1000, $q_i = 0$	$(0.01161S^2 - 21.29S + 9594)/(S + 95.62)$
TP	0.07	mg/L(as P)	$0 \leq P < 0.1$	If P > 3.0, $q_i = 0$	$100EXP(-5.1382P)$
			$0.1 \leq P \leq 3.0$		$1.2939P^3 - 4.199P^2 - 19.611P + 61.651$

資料來源：行政院環境保護署，2007。

表 3.13　WQI$_7$ 之水質分類指標

指標範圍	水體分類	水體用途說明
86～100	優良	約與甲類或較優之乙類水質相當，但不一定相等。
71～85	良好	約與乙類或較優之丙類水質相當，但不一定相等。
51～70	中等	約與丙類水質相當，但不一定相等。
31～50	中下	約與丁類水質相當，但不一定相等。
16～30	不良	約與戊類水質相當，但不一定相等。
0～15	惡劣	較差之戊類或低於戊類水質。

資料來源：行政院環境保護署，2007。

解答 3.5

pH = 7.8，其 $q_{pH} = -2.3333(7.8)^3 + 60.5(7.8)^2 - 547.17(7.8) + 1785 = 90.62$

DO 飽和度 = 38.4% = 0.384，其 $q_{DO} = 200.5(0.384)^6 - 738.28(0.384)^5 + 1020.1(0.384)^4 - 811.71(0.384)^3 + 412.24(0.384)^2 + 15.521(0.384) - 0.0045 = 37.44$

BOD = 2.1 mg/L，其 $q_{BOD} = \dfrac{-31.24(2.1) + 943.3}{2.1 + 9.337} = 76.74$

NH$_3$-N = 1.74 mg/L，其 $q_{NH_3\text{-}N} = 0.6667(1.74)^2 - 12.667(1.74) + 52 = 31.98$

大腸桿菌數 = 61,000 CFU/100mL，其 $q_{大腸桿菌數} = 10.836(4.79)^2 - 138.72(4.79) + 442.3 = 26.45$

懸浮固體 = 41.8 mg/L，其 $q_{ss} = \dfrac{0.01161(41.8)^2 + 21.29(41.8) + 9594}{41.8 + 95.62} = 76.44$

總磷 = 0.713 mg/L，其 $q_{TP} = 1.2939(0.713)^3 - 4.199(0.713)^2 - 19.611(0.713) + 61.651 = 46.00$

$WQI_7 = \dfrac{1}{10}(W_{pH} \times q_{pH} + W_{BOD} \times q_{BOD} + W_{NH_3\text{-}N} \times q_{NH_3\text{-}N} + W_{大腸桿菌數} \times q_{大腸桿菌數}$

$$+ W_{懸浮固體} \times q_{懸浮固體} + W_{總磷} \times q_{總磷} + W_{DO飽和度} \times q_{DO飽和度})^{1.5}$$
$$\Rightarrow WQI_7 = 39.88$$
從結果來看並且對照表 3.13，WQI_7 介於 31～50 的指標範圍，其水體分類爲中下水體。

4. 與健康有關的水質標準

爲了維護人體健康，各國陸續規範了不同環境介質的品質基準，來限制環境介質中有毒物質的濃度，特別是具有高毒性、高持久性及易發生生物累積效應的汙染物物質。以地表水體爲例，根據歐盟 DIRECTIVE 2000/60/EC 所建立的水資源保護制度的架構中，便計畫預防及控制地表水及地下水之化學汙染物質，避免這些危險因子破壞河川、湖泊或者海洋等水資源品質，減少汙染物的過度生產及濫用而流布於環境當中。爲此，歐盟也建立了一系列的汙染物質優先管制名單，被給予建議的管制值（如表 3.14 所示）。我國 1974 年 7 月頒布之水汙染防治法，在 1998 年修正時將水質標準分爲保護生活環境及保護人體健康之相關環境基準兩大項，將一般水質項目及重金屬、農藥等特定汙染物區隔開。其中，保護人體健康相關環境基準如表 3.15 所示。這些管制值以人類健康風險爲依據，也成爲特殊開發行爲衝擊評估的參考基準線。

三、土壤指標──內梅羅綜合指標

內梅羅（Nemerow）是一種綜合性的汙染指標工具，它利用物種平均值以及加權計算高濃度物種的方式以反映土壤環境的總體質量。內梅羅綜合汙染指標的計算如方程式（3.28）所示，內梅羅指數（P_n）中的重金屬評析基準值（C_{si}）是採用台灣地區土壤重金屬含量標準與分級的第三級背景值上限（表 3.16）計算。若土壤重金屬濃度高於背景值時，即可能產生

表 3.14　歐盟水管理架構（WFD）中優先物質及其他汙染物質之相關性質與環境品質標準　　（單位：μg/L）

編號	汙染物質名稱	主要用途或排放來源	在水環境中造成的主要問題	AA-EQS Inland surface waters	AA-EQS Other surface waters	MAC-EQS Inland surface waters	MAC-EQS Other surface waters
1	陶斯松（Chlorpyrifos）	保護植物的產品（殺蟲劑）	直接影響水環境中的生物，並增加飲用水處理的需要與成本	0.03	0.03	0.1	0.1
1a	農藥（Aldrin、Dieldrin、Endrin、Isodrin）			sum=0.01	sum=0.005	not applicable	not applicable
1b	DDT total			0.025	0.025	not applicable	not applicable
2	1,2-二氯乙烷	聚乙烯製程中使用：生產氯乙烯單體	可能對人類健康造成影響，並增加飲用水處理的需要與成本	10	10	not applicable	not applicable
3	二氯甲烷（Dichloromethane）	溶劑、煙霧劑、吹泡劑	增加飲用水處理的需要與成本	20	20	not applicable	not applicable
4	鄰苯二甲酸二辛酯（DEHP）	軟性聚氯乙烯塑化劑	在食物鏈與底泥中具累積性	1.3	1.3	not applicable	not applicable
5	達有龍（Diuron）	保護植物的產品（除草劑）	直接影響水環境中的生物，並增加飲用水處理的需要與成本	0.2	0.2	1.8	1.8
6	安殺番（Endosulfan）	保護植物的產品（殺蟲劑）	直接影響水環境中的生物，並增加飲用水處理的需要與成本	0.005	0.0005	0.01	0.004
7	萵蒽（Fluoranthene）	柏油基底的顏料、木餾油、螢光染料、燃燒副產物	對水中生物有直接影響，特別在底泥泥中	0.1	0.1	1	1
8	六氯苯（Hexachlorobenzene）	在歐盟中並無使用，但屬製程中意外產生的副產物	在食物鏈與底泥中具累積性	0.01	0.01	0.05	0.05
9	六氯丁二烯（Hexachlorobutadiene）	在歐盟中並無使用，但屬製程中意外產生的副產物	在食物鏈與底泥中具累積性	0.1	0.1	0.6	0.6

表 3.15 台灣保護人體健康相關環境基準表（單位：mg/L）

水質項目		基準值
重金屬	鎘	0.01
	鉛	0.1
	六價鉻	0.05
	砷	0.05
	汞	0.002
	硒	0.05
	銅	0.03
	鋅	0.5
	錳	0.05
	銀	0.05
農藥	有機磷劑（巴拉松、大利松、達馬松、亞素靈、一品松、陶斯松）及氨基甲酸鹽（滅必蝨、加保扶、納乃得）之總量	0.1
	安特靈	0.0002
	靈丹	0.004
	毒殺芬	0.005
	安殺番	0.003
	飛佈達及其衍生物（Heptachlor, Heptachlor epoxide）	0.001
	滴滴涕及其衍生物（DDT, DDD, DDE）	0.001
	阿特靈、地特靈	0.003
	五氯酚及其鹽類	0.005
	除草劑（丁基拉草、巴拉刈、2、4- 地）	0.1

備註：保護人體健康相關環境基準係以對人體具有累積性危害之物質，具體標示其基準值；基準值以最大容許量表示；全部公共水域一適用；其他有害水質之農藥，其容許量由中央主管機關增訂公告之。

表 3.16　台灣地區土壤重金屬含量標準——重金屬評析基準值（C_{si}）

重金屬項目	砷	鎘	鉻	銅	汞	鎳	鉛	鋅
C_{si} (mg kg-1)	9.00	0.39	10.0	20.0	0.39	10.0	15.0	25.0

表 3.17　內梅羅綜合指標分級

等級	內梅羅指數（P_n）	汙染情況	汙染等級
1	$P_n < 0.7$	清潔	安全
2	$0.7 \leq P_n < 1.0$	尚清潔	警戒
3	$1.0 \leq P_n < 2.0$	輕度汙染	輕度
4	$2.0 \leq P_n < 3.0$	中度汙染	中度
5	$P_n \geq 3.0$	重度汙染	重度

人爲的重金屬汙染情況。內梅羅指數的分級標準與汙染程度見表 3.17。

$$P_n = \sqrt{\frac{1}{2}\left[\frac{1}{n}\Sigma_{i=1}^{n}\left(\frac{C_i}{C_{si}}\right)^2 + \left(\frac{C_m}{C_s}\right)^2\right]} \qquad (3.28)$$

其中：

　　P_n：內梅羅指數

　　C_i：i 汙染物的實測濃度值

　　C_{si}：i 汙染物的評析基準值

　　n：受評估汙染物的數量

$$\frac{C_m}{C_s} = \max\left(\frac{C_i}{C_{si}}\right) \qquad (3.29)$$

其中：

　　C_m：汙染程度最大的汙染物濃度值

C_s：汙染程度最大的汙染物評析基準值

案例 3.6

　　某地區之土壤重金屬濃度如表 3.18 所示，請試著利用台灣地區土壤重金屬含量標準值（表 3.17），計算其每一採樣點之內梅羅指數，並且指出何處為重度汙染。

表 3.18　某地區重金屬濃度（mg/kg）

採樣點	銅	鉻	鉛	鋅	鎳
1	17.04	72.60	25.98	15.12	25.32
2	18.00	73.20	24.60	16.26	30.12
3	14.76	62.70	21.78	13.74	26.04
4	16.08	63.00	23.82	14.58	24.36
5	10.47	32.40	17.88	11.82	11.22
6	10.35	27.78	19.08	12.24	9.78
7	11.64	30.90	19.74	11.94	11.46
8	12.45	35.10	21.12	12.60	13.56
9	11.58	34.92	21.60	13.56	8.04
10	10.77	40.17	19.77	12.90	7.83
11	10.11	20.19	16.74	10.74	6.72
12	9.39	18.12	19.77	10.11	5.64
13	8.55	13.38	15.36	8.70	3.63
14	9.93	19.17	17.94	10.05	3.90
15	10.77	24.42	19.17	10.92	6.57
16	9.39	18.12	19.77	10.11	5.64

表 3.18　某地區重金屬濃度（mg/kg）（續）

採樣點	銅	鉻	鉛	鋅	鎳
17	8.31	13.56	14.91	8.31	3.78
18	8.22	24.60	15.36	9.30	8.28
19	8.85	22.32	16.74	8.67	6.84
20	7.74	15.69	14.40	8.40	5.04
21	9.39	11.46	17.34	9.69	4.92
22	10.20	14.25	17.94	8.79	3.78
23	8.85	13.56	17.94	8.73	3.30
24	6.93.	9.36	15.51	8.19	2.58
25	9.60	23.52	16.98	9.72	8.34
26	8.58	12.51	15.51	8.67	2.70
27	8.58	14.61	17.34	8.37	6.03
28	10.20	18.12	18.57	10.47	5.91
29	10.47	21.96	17.94	10.86	8.49
30	9.93	15.66	16.74	10.17	5.97
31	8.85	21.27	19.17	9.63	8.58
32	8.55	16.23	16.08	8.58	5.58
33	9.12	16.41	17.64	8.76	5.31
34	8.19	10.50	16.32	7.56	2.79
35	8.04	13.92	16.14	7.71	2.64
36	11.04	24.42	17.94	11.28	8.10
37	9.39	20.91	19.77	8.97	5.97
38	10.20	19.50	21.00	11.04	6.36
39	8.82	11.91	19.74	8.34	3.27
40	8.85	15.66	17.94	8.61	4.71

表 3.18　某地區重金屬濃度（mg/kg）（續）

採樣點	銅	鉻	鉛	鋅	鎳
41	8.31	16.35	16.74	8.73	4.65
42	11.04	19.86	22.20	10.92	3.99
43	7.08	9.15	14.88	6.84	2.28
44	13.92	54.60	19.74	13.74	21.30
45	14.04	46.11	22.20	14.85	16.74
46	15.33	54.90	23.22	16.14	20.28
47	19.95	53.70	24.54	17.76	17.70
48	20.79	54.60	27.60	17.46	17.10

解答 3.6

　　本案例將選擇樣點一之重金屬濃度進行內梅羅指標計算，其每一重金屬濃度與評析基準值比例如下：

$$\frac{C_{Cu}}{C_{sCu}} = \frac{17.04}{20} = 0.852$$

$$\frac{C_{Cr}}{C_{sCr}} = \frac{72.60}{10} = 7.26$$

$$\frac{C_{Pb}}{C_{sPb}} = \frac{25.98}{15} = 1.732$$

$$\frac{C_{Zn}}{C_{sZn}} = \frac{15.12}{25} = 0.6048$$

$$\frac{C_{Ni}}{C_{sNi}} = \frac{25.32}{10} = 2.532$$

$$\frac{Cm}{Cs} = \max(\frac{C_{Cu}}{C_{sCu}}, \frac{C_{Cr}}{C_{sCr}}, \frac{C_{Pb}}{C_{sPb}}, \frac{C_{Zn}}{C_{sZn}}, \frac{C_{Ni}}{C_{sNi}}) = 7.26$$

　　而後，將其上述所算之資訊帶入內梅羅指數公式進行換算，方程式如下：

$$P_1 = \sqrt{\frac{1}{2}\{\frac{1}{5}[(\frac{C_{Cu}}{C_{sCu}})^2 + (\frac{C_{Cr}}{C_{sCr}})^2 + (\frac{C_{Pb}}{C_{sPb}})^2 + (\frac{C_{Zn}}{C_{sZn}})^2 + (\frac{C_{Ni}}{C_{sNi}})^2] + (\frac{C_m}{C_s})^2\}} = 5.72$$

將 P_1 值與表 3.17 進行比對，發現其 P_1 大於 3.0，故為重度汙染。而 $P_2 \sim P_{48}$ 的計算方式，皆於 P_1 一樣，故不贅述其內容，經過換算後，可得所有採樣結果如表 3.19 所示。從結果可以看出採樣點 1、2、3、4、10、44、45、46、47 及 48 為重度汙染。其汙染區域如圖 3.5 所示。

表 3.19　內梅羅指數

採樣點	內梅羅指數	採樣點	內梅羅指數	採樣點	內梅羅指數
1	5.72	17	1.12	33	1.35
2	5.78	18	1.96	34	0.92
3	4.96	19	1.79	35	1.14
4	4.98	20	1.27	36	1.96
5	2.57	21	1.00	37	1.69
6	2.22	22	1.19	38	1.60
7	2.47	23	1.14	39	1.11
8	2.80	24	0.87	40	1.29
9	2.77	25	1.89	41	1.33
10	3.16	26	1.04	42	1.63
11	1.63	27	1.22	43	0.84
12	1.49	28	1.48	44	4.31
13	1.11	29	1.78	45	3.65
14	1.55	30	1.29	46	4.34
15	1.96	31	1.73	47	4.25
16	1.49	32	1.33	48	4.32

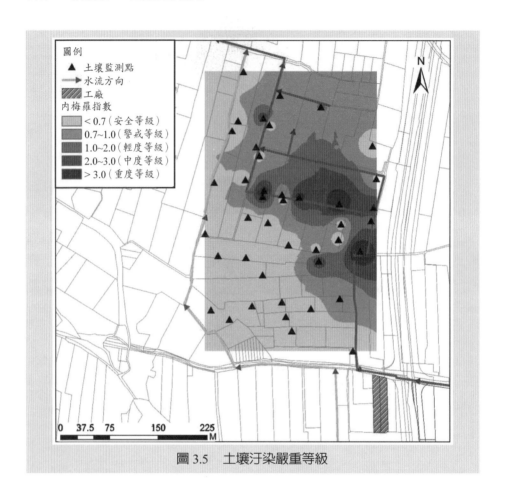

圖 3.5　土壤汙染嚴重等級

四、噪音管制標準

　　依據土地使用現況、行政區域、地形地物、人口分布的狀況，噪音管制區劃分為四類（如表 3.20 所示），各類別之噪音管制區所容許之噪音管制標準不同，又以第一類噪音管制區之標準最為嚴格，第二類噪音管制區次之，以此類推，管制區的劃分也是根據環境用途進行劃設。噪音是一種能量的形式，因此一般以均能音量（Equivalent sound level）作為設定噪音管制標準的依據，所謂均能音量指特定時段內所測得音量之能量平均值。

表 3.20　噪音管制區劃分

噪音 管制區	型態	都市計畫 地區者	區域計畫 地區者	其他
第一類	環境極需安寧之地區	風景區、保護區	丙種建築用地、生態保護用地、國土保安用地	未實施都市計畫、區域計畫之地區，須劃定噪音管制區者，應於適當地點設置監測點蒐集全日環境音量，依一般地區音量標準值，劃定各類噪音管制區
第二類	供住宅使用為主且需要安寧之地區	文教區、學校用地、行政區、農業區、水岸發展區	甲種建築用地、林業用地、農牧用地	
第三類	以住宅使用為主，但混合商業或工業等使用，且需維護其住宅安寧之地區	商業區、漁業區	乙種建築用地、水利用地、遊憩用地	
第四類	供工業或交通使用為主，且需防止噪音影響附近住宅安寧之地區	工業區、倉庫區	丁種建築用地、礦業用地、窯業用地、墳墓用地、養殖用地、鹽業用地、交通用地	

資料來源：作者整理自行政院環保署噪音管制標準（102.08.05 修正）

20Hz 至 20kHz 之均能音量以 Leq 表示；20Hz 至 200Hz 之均能音量則以 Leq，LF 表示之，均能音量（Leq）的計算公式如方程式（3.30）所示，一般地區音量管制時段及標準值則如表 3.21 所示。

$$L_{eq} = 10\log\frac{1}{T}\int_0^T \left(\frac{P_t}{P_0}\right)^2 dt \qquad (3.30)$$

其中：

表 3.21　一般地區音量管制時段及標準值　　（均能音量：Leq）

噪音管制區	日間／標準值		晚間／標準值		夜間／標準值	
第一類	上午 6 時至 晚上 8 時	55	晚上 8 時至 晚上 10 時	50	晚上 10 時至 翌日上午 6 時	45
第二類		60		55		20
第三類	上午 7 時至 晚上 8 時	65	晚上 8 時至 晚上 11 時	60	晚上 11 時至 翌日上午 7 時	55
第四類		75		70		65

資料來源：作者整理自行政院環保署噪音管制標準（102.08.05 修正）

　　T：測量時間，單位為秒

　　P_t：測量音壓，單位為巴斯噶（Pa）

　　P_0：基準音壓為 20μPa

五、生物型環境指標

1. 生物整合指標

　　生物整合指標（Index of biotic integrity, IBI）被廣泛的應用在溪流生態評估上，它是利用魚類歧異度、豐富度及族群健康程度來評估水生生態系健康狀態的一種綜合性指標。它是由如表 3.22 所示的三大類（包含：**魚種豐度及組成、魚類營養階層組成、魚類數量及狀況**）共 12 項的評估指標所組成。生物整合指標將所收集到的魚類資料與建議的參考值進行比對，然後給予各項指標因子不同的分數（S），其中 5 = 最佳，3 = 中等，1 = 最差。將所有群聚的屬性分數加起來，便可得到生物整合指標（IBI），IBI 分數愈高代表溪流環境品質愈高。IBI 最後的評值，屬性的總分數以 12 分為最低，60 分最高；12 分為不良生物完整性，60 分為最優異生物完整性（林信輝等，2003）。

　　IBI 評值最後依據評分的高低，可區分成數個等級，Karr（1981）分

表 3.22　生物整合指標（IBI）評分等級表

評估項目（metric）		評分等級		
		5	3	1
種類豐多度與組成				
1	原生魚類種數	評值由 1～5，隨溪流尺度與地區而評估之。		
2	底棲性魚類種數			
3	棲息水層中魚種數			
4	長生命週期魚種數			
5	低容忍魚類的數量			
6	高容忍性魚類的數量	< 5	5～20	> 20
魚類營養階層				
7	雜食性魚種個體的百分比	< 20	20～45	> 45
8	食蟲性小魚個體的百分比	> 45	45～20	< 20
9	食魚性魚種（最高階肉食性魚種）個體的百分比	> 5	5～1	< 1
樣本中魚類個體的數量與狀態				
10	魚類取樣個體數	依溪流尺度與位置評之。		
11	外來種或雜交種個體的百分比	0	0～1	> 1
12	生病或畸形個體的百分比	0～2	2～5	> 5

資料來源：林信輝等，2003。

成九個等級：excellent（57～60）、E-G（53.56）、good（48～52）、G-F（45～47）、fair（39～44）、E-P（36～38）、poor（28～35）、P-VP（24～27）、very poor（< 24）；Laing and Menzel（1997）則分成 excellent（58～60）、good（48～52）、fair（40～44）、poor（28～34）、very poor（12～22）、no fish 等 6 個級。而其區間的分數可依實際狀況做適當的簡化或調整。

2. 科級生物指標

　　底棲生物由於長期演化而適應周遭生存環境，且因種類不同而生存在特定水域環境。因此若水質遭到汙染，這些水生昆蟲將馬上感受到環境變化，並無法適應，而將死亡或離開棲地。因爲水生昆蟲的存在通常是長期水質作用後的結果。因此研究者常以水體中出現的水生昆蟲種類與數量，來反映水體環境的長期水質特性，例如由環保署的水生昆蟲指標（如表 3.23 所示）便可用來判定河川的汙染等級。科級生物指數（Family-level biotic index, FBI）便是一種以水生昆蟲爲基礎所發展出來綜合性評估指標〔如方程式（3.31）所示〕。它利用不同底棲水生昆蟲的耐汙特性，將水體受有機性汙染的嚴重程度劃分爲七個水質等級，FBI 值愈低表示水體愈清淨，FBI 值愈高則表示水體受有機性汙染的程度愈高（見表 3.24）。各種常見指標的分析比較如表 3.25 所示（林信輝等，2003）。

$$生物科級指數（FBI）= \sum \frac{n_i t_i}{N} \qquad (3.31)$$

其中：

　　　n_i：第 i 科水棲昆蟲之汙染忍受值

表 3.23　環保署之水生昆蟲指標

水體水質	未受汙染	輕度汙染	中度汙染	嚴重汙染
水蟲指標	扁蜉蝣 石蠅 長鬚石蠶 流石蠶 網蚊	雙尾小蜉蝣 縞石蠶 網石蠶 水薑 小裳蜉蝣 石蛉	姬蜉蝣	顫蚓 紅蟲 水蟲

表 3.24　生物指標與科級生物指標之水質等級

科級生物指數	水質	汙染程度
0.00～3.50	極好	不太可能有汙染
3.51～4.50	非常好	可能有些許極少的汙染
4.51～5.50	好	很可能存在汙染
5.51～6.50	普通	大致上有汙染情況
6.51～7.50	有點差	大量汙染
7.51～8.50	差	非常大量的汙染
8.51～10.00	非常差	嚴重的汙染

t_i：第 i 科水棲昆蟲之個體數（根據不同科或類別的水生昆蟲對水質有機汙染之容忍程度，從低至高給予 0～10 之容忍值）

N：各採測站水棲昆蟲之總個體數

六、棲地評價模式

　　棲地評價模式（Habitat evaluation procedure, HEP）（USFWS，1980），主要用來評估棲地野生動物值、量的生態變化（經濟部水利署，2011）。HEP 模式演變至今已廣泛的使用在土地、陸域生態、濕地、魚類等生態系之棲地評估上，例如評估開發計畫對環境的衝擊程度以及擬定代償（Mitigation）的替代方案。HEP 模式適用對象主要針對計畫目標以生態系之現狀環境評估為主，例如：自然再生計畫、環境保護計畫、開發計畫案之評估、養殖計畫及土地的生態發展潛能等。棲地適應性指標（Habitat suitability index, HSI）屬於棲地評價模式中的一種指標，透過 HSI 可以了解環境因子與物種之間的關聯性（王駿穠等，2002）。HSI 評估模式的流程如圖 3.6 所示，首先選定所要調查的範圍以及評估的物種，之後在蒐集棲地資料（如氣候、地形水深、水質等）後選定物種存活時所

表 3.25　生物型及環境型指標比較

指標	檢測類別	方法	結果	目的
1. 生物整合指標（IBI）	分為 3 大類（魚種豐度、魚類組成、營養階層量及魚類狀況）共 12 項	將 12 個項目分為最佳（5分）、中等（3分）、最差（1分）三個等級給分，總分 60 分	Karr 將得分分為 9 個級距，分數愈高（57~60）生物完整度愈好；Laing 及 Menzel 則分為 6 個級距	透過河流生物監控評估水生生態系之健康情況
2. 科級生物指標（FBI）	調查美國底棲水生昆蟲 8 目 70 餘科，並歸納出耐污值	將個體數與耐污值相乘運算後，計算出科級水平生物性指數	將指數分為 7 個級距，FBI 值愈高（8.51~10.00）則表示水體汙染愈嚴重	有利野外快速偵測，減少分類上的困擾
3. 魚類汙染耐受指數（FTI）	學者未達仁將 FTI 定義為有效的指標	計算採樣站內各單一魚種的數值及魚類總個體數	依評價積分分為三個級距，FTI 值愈低（2.20）表示魚類耐受級數愈大	將矩陣項的選用與生物特徵值轉化為本土適用模式，提升評估的正確性
4. 快速生物評估法（RBP）	分類群豐富度、優勢種所占之比率、群聚聚集類失落指標等 7 項生物指標	計算各指標之得分	將 RBP 積分分為 4 個級距，分數愈高者（4.6~6.0）表示無汙染；愈低者（0.0~1.5）表示嚴重汙染	評估河川之水質環境程度

表 3.25　生物型及環境型指標比較（續）

指標	檢測類別	方法	結果	目的
5. 河川附著藻類腐水度指標（SI）	藻類出現度之頻度、指標種權重等	計算檢測類別之數值	將 SI 指數分為 4 個級距，指數愈低（<1.5）表示貧腐水級水質；指數愈高（>3.5）表示強腐水級水質	將藻種出現的頻度用於腐水度指數（SI），作為判斷水質的指標
6. 藻屬指數（GI）	Achnanthes、Cocconeis 等特定藻屬	將藻類中特定藻屬所出現的貧度得數值即可獲得	將 GI 指數分為 5 個級距，指數愈高（>30）表示極輕微污染水質；指數愈低（<0.3）表示嚴重污染水質	以矽藻為指標，評估水環境之污染度和環境之優劣
7. 定性棲地評估指標（QHEI）	溪河的基質（底質類型）、河川型態、河川影響人為地及濕地及水深及流速、淺灘/急流，共6類	評估檢測類別的內容並給分，6類別的總分為114分	依分數分為 5 個級距，超過100分表示棲地環境品質極佳，能滿足水棲生物之需求；1~40分表示非常差	有助了解複雜的河川生態系統中，各因子間的關係，判斷河川的健康情況
8. 河川汙染指數（RPI）	溶氧量（DO）、生化需氧量（BOD$_5$）、氨氮含量（NH$_3$-N）與懸浮固體量（Suspended Solids），共4項	測試樣本獲得數值後，再經由一個的汙染來定各項指數，四項指數加再除以四即 RPI	依照總積分分為 4 個級距（A~D），2.0分以下為等級 A，表示未稍受汙染；6.0以上的為等級 D，表示嚴重汙染	評估河川之水體水質

資料來源：作者自行整理

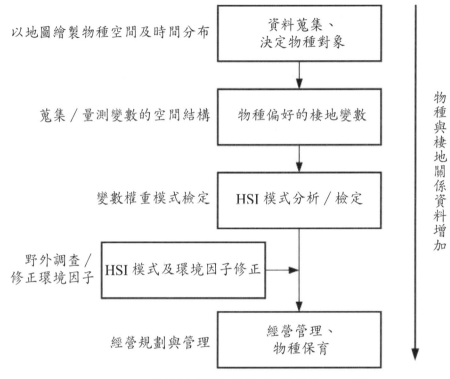

圖 3.6　HSI 評估模式分析過程（王駿穠等，2002）

需要的棲地環境因子，例如水質（DO、pH、電導度等）、底質（酸鹼度、有機質、耗氧量等）作爲影響底棲生物棲息的環境因子，選擇理想棲地環境的環境因子狀態。最後利用方程式（3.32）、（3.33）分別計算 SI 值與 HSI 數值求得 HSI 指數。其中，適應性指標（Suitability index, SI）值介於 0 至 1 之間，0 表示最差環境值，1 表示最佳環境值。HSI 值介於 0 至 1 之間，0 表示最不適，1 表示最適，綜合等級分類如表 3.26 所示。

$$SI = \frac{小區域棲地之環境因子之狀態}{理想棲地之環境因子之狀態} \qquad (3.32)$$

$$\text{HSI} = (\pi_{i=1}\, \text{SI}_i)^{\frac{1}{n}}$$
$$= (\text{SI}_1 \times \text{SI}_2 \times \text{SI}_3 \times \ldots \times \text{SI}_{10})^{\frac{1}{10}} \tag{3.33}$$

其中：

SI：影響物種分佈及數量的環境因子之適應項指標，$0 \leq \text{SI}_i \leq 1$。

n：權重。

HSI：棲地適應性指標，$0 \leq \text{HSI} \leq 1$。

表 3.26　棲地適應性指標與棲地等級

棲地適應性指標 HSI	棲地情況
< 0.5	不良
0.5～0.59	低於平均值
0.6～0.69	中等（平均值）
0.7～0.79	良好
> 0.8	非常好

📖 問題與討論

1. 何謂環境品質指標？其目的爲何？請簡述常用的三種指標。（90 年環境工程高等三級考，環境規劃與管理，25 分）

2. 空氣品質好壞常以 PSI 指標分級，當 PSI 值爲 51～100 時，代表空氣品質爲：（91 年環境工程高等三級考，流體力學、環境規劃與管理，1.25 分）

   A. 良好

   B. 中等

   C. 不良

D.有害

3. 環境影響評估最常用的生態指標─Simpson，它是一種：（93 年環境工程高考，流體力學、環境規劃與管理，1.25 分）

A.棲地適宜性指標

B.棲息地品質指數

C.物種豐富度指標

D.物種生物量指標

4. 在下列生態棲息地評估模式中，哪一個是使用棲息地品質指數？（93 年環境工程高考，流體力學、環境規劃與管理，1.25 分）

A. HEP

B. PAN HEP

C. HES

D. WET

5. 生態評估中常會用到下列準則：物種多樣性（Species diversity）與生態穩定性（Ecosystem stability）；棲息地評估程序（Habitat evaluation procedure）及適宜性指數（Suitability index）。請說明其內容。（93 年環境工程高考三級，環境規劃與管理，25 分）

6. 請說明涵容能力環保基流量（或生態流量）如何分析河川的涵容能力？（93 年環境工程高考三級，環境規劃與管理，25 分）

7. 空氣汙染指標（PSI）未考慮之汙染物為：（94 年環境工程高等三級考，專業知識測驗，1.25 分）

A.二氧化硫

B.一氧化氮

C.懸浮微粒（PM 10）

D.臭氧

8. 在空氣汙染物測定時，ppm 係用來表示：（94 年環境工程高等三級考，專業知識測驗，1.25 分）

　A. 氣態汙染物濃度

　B. 微粒尺寸

　C. 微粒汙染物濃度

　D. 落塵量濃度

9. 目前台灣地區空氣汙染指標 PSI 值超過 100 之主要指標汙染物為：（94 年環境工程高等三級考，專業知識測驗，1.25 分）

　A. 臭氧及一氧化碳

　B. 懸浮微粒及二氧化硫

　C. 懸浮微粒及一氧化碳

　D. 臭氧及懸浮微粒

10.國內河川汙染程度常以 RPI 表示，當 RPI 積分在 3.1 至 6.0 之間，代表河川：（94 年環境工程高等三級考，專業知識測驗，1.25 分）

　A. 未受汙染／稍受汙染

　B. 輕度汙染

　C. 中度汙染

　D. 嚴重汙染

11.影響室內空氣品質的汙染物質主要有哪些？試簡述改善室內空氣品質的策略。（96 年環保行政、環保技術地方四等考，環境規劃與管理概要，25 分）

12.請問河川汙染指標（River pollution index, RPI）是由哪四個副指標所構成？副指標如何合成 RPI 指數數值？RPI 的數值與河川河段汙染程度的關係又為何？（96 年環保行政二等考，環境規劃與管理，20 分）

13.試簡要說明自來水常用的處理流程，並例舉常用的有機物、顆粒雜質

之水質指標爲何？（98 年環保行政、環保技術四等考，環境規劃與管理概要，25 分）

14.PSI 在空氣品質規劃與管理上扮演什麼樣的角色？請寫出 PSI 之英文全名並說明其意義。（98 年環保技術特種三等考，環境規劃與管理，25 分）

15.何謂「環境敏感區（Environmental sensitive areas）」？在臺灣，環境敏感區分爲哪幾類？（98 年環保技術特種三等考，環境規劃與管理，25 分）

16.總量管制是政策環評的重要目的，試問在政策環評的評估過程和整體環評制度設計中，應如何落實總量管制之目的？（98 年環保行政、環保技術簡任升等考，環境規劃與管理，25 分）

chapter 4

範疇界定與環境監測計畫

　　環境評估的目的是希望藉由環境資訊的取得來了解環境系統的現況，從環境的現況中發現現在與未來的問題，以及評估政策、方案或行動方案介入後系統行為的變化，並進行適當的管控。環境評估是一種以問題、目標導向的決策程序，完整的環境評估應包含現況呈現、問題發掘、目標設定、策略研擬、績效衡量與控制等幾項內容。無論評估的內容著重在哪一個部分，任何有效的環境評估都必須建立在完備的資料基礎上，所謂完備的資料應包含充足的資料數量以及合適的資料品質。事實上，環境資料是一種有價的資源，資料的收集通常需要投入大量的成本，在時間與成本的限制下，資料的數量與品質都會有一定的限制。一般而言，資料的數量與品質要求應依據環境評估的目的以及所選擇的評估工具而有所不同。為此，美國環保署研議了資料品質系統，建議根據資料使用目的來規範資料品質的需求等級（如表 4.1 所示），從這個資料品質系統中可看出，當資

表 4.1　資料用途與資料品質之間的關係

取得模型整合資訊的目的 （預期的需求）	典型的品質保證（QA）議題	QA 的層級
・管理的承諾 ・訴訟 ・議會的證詞	・具防禦性的合法資訊來源 ・法律與管理承諾 ・數據採集遵守法規及規範	↑
・管理發展 ・取得州執行計畫（SIP） ・模型驗證	・具管理指南的承諾 ・在合適的 QA 程序下獲得現存的數據 ・查核及數據檢閱	
・趨勢監測（非管理的） ・技術發展 ・原理檢測	・使用可接受的數據整合方法 ・使用獲得廣泛認同的模型 ・查核及數據檢閱	
・基礎研究 ・模型測試	・設備的 QA 計畫及憑證 ・新理論及方法論的同儕檢閱	

資料來源：U.S. EPA, "Guidance for Quality Assurance Project Plans for Modeling" (EPA QA/G-5M / December, 2002)

料作為訴訟等法律用途時,其品質控管應更為嚴格。相對的,當資料作為基礎研究或是模型測試用途時,就不需要有那麼高的品質要求。

環境系統經常是複雜的,為了能夠解釋、預測與控制真實環境中的複雜系統,決策者需要透過資料、模型與計算來解釋系統的特徵與行為變化,圖 4.1 展示了真實世界、環境模型、資料模型以及數學演算之間的關係,一個真實的複雜系統存在著為數眾多的物件與關聯,取得這些物件與關連的資料並利用數學模式來解釋它們之間的動態關聯,是環境系統分析的核心精神。但是在時間、成本、技術與知識的限制下,決策者必須根據問題特性以及決策目標來簡化真實世界中的環境系統。評估模式的選擇也會影響複雜系統的簡化程度,隨著決策目標的不同,決策者可以選擇物化、社會、經濟、生態或是政策等不同的環境模型來解釋環境系統的複雜行為。模式的選擇除了會影響系統的簡化程序與簡化結果,也直接或間接地影響了決策過程中所需要的資料數量與品質,對資料生產計畫產生決定性的影響。相反的,不完整的資料結構也會迫使決策者放棄某些非常合適

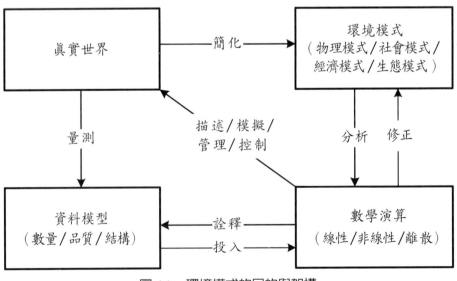

圖 4.1　環境模式的目的與架構

的環境模型。此外，模型的求解也是一個不容忽視的問題，複雜的環境模式會有較大的資料需求，以及更多的運算資源和更長的運算時間，當決策者有即時性或是穩定性的求解需求時，則龐大而複雜的數學模型則不合適。事實上，環境現況、評估目的、環境模型以及資料蒐集是相互牽動的，進行環境評估前需明確定義這些內容，才能使目的、工具與資料相互搭配，才能在經濟有效的情況下獲得正確的評估結果。

第一節　環境系統分析與問題簡化

環境系統是由各種生物與非生物物件所組成的複雜系統（Complex system），在這個複雜系統中，生物與非生物物件會利用能量流、物質流以及訊息流的方式進行非線性的交互作用，交互作用後所展現出來的系統特徵或反應我們稱之為系統行為。系統理論認為系統內的每一個物件都有它們特定的目的與功能（Function），這些功能會透過物件的狀態變數展現出來。也就是說，當我們能夠掌握這些狀態變數時，我們便能了解系統物件的功能特性以及整體性的行為變化，也就可以評估政策方案介入系統後，系統特徵與行為的改變，而環境評估的最終目的則是藉此擬訂各種決策方案使系統的運作更合乎我們的期待。面對一個真實的環境系統，決策者必須透過合理化的程序來建立一個簡化後的仿真系統，並以這一個具有代表性的仿真系統進行各項的評估、模擬、管理與控制的作業。在這個過程中，環境系統分析扮演了關鍵性的角色，透過系統分析程序的協助，決策者可以有效的進行複雜系統的簡化作業。簡單來說，環境系統分析包含了：1. 確認評估目的與內容；2. 確認評估範圍；3. 確認評估系統內的單元物件；4. 確認單元物件之間的關聯；5. 確認物件特性與評估因子；6. 環境模型選擇、建立與求解；7. 政策方案的衝擊與效益評估等幾個程序。

一、確認評估目的與內容

　　進行政策方案或開發行為的衝擊評估時，需先確認政策方案或開發行為的目的，了解它們實質的開發內容與時程，界定評估的內涵以及衝擊的對象（利害關係者），並根據利害關係者所關注的議題進行時間與空間邊界的劃設，範疇界定的目的便是透過多方的參與共同釐清評估的方向、評估的範圍與評估的內容。事實上，如果評估的目的不同，縱使是相同的開發內容，往往也會有不同的評估範疇、評估內容、適合工具以及不同的需求資料。清楚定義評估目的是環境評估最重要的核心議題，因為舉一綱而萬目張。

二、確認評估範圍

　　問題特性與評估目標會決定受影響的對象、範圍以及應評估的項目。一般而言，會在相關利害者共同確認評估目的後，進一步決定系統邊界，劃設系統邊界的目的是為了確認評估的範圍，這範圍包含時間以及空間範圍，系統邊界的劃定將一個完整的環境系統進一步區分為外部與內部環境，外部環境中與評估目的相關的重要因素變成了內部環境系統的邊界條件（或稱為約束或限制條件），也因為系統邊界的劃設，決策者可以更清楚、更容易的選定內部環境系統中的物件〔或稱元件（Components）〕。若選擇較大的系統邊界則系統內的物件數量與交錯的物件關聯會增加系統的複雜度，為了掌握複雜系統的狀況，決策者通常會需要一個更詳細的資料調查計畫以及更完整的分析模式，如此會大量增加分析的成本與需求的資源。但必須注意的是，系統範圍的大小不是決定系統複雜度的唯一要素，在一個小型的環境系統中，也可能因為系統內大量的物件與關連數量，使得系統變得異常複雜。無論是簡單或複雜系統，系統邊界劃設後，就可以進行單元組成的選定以及單元的特性分析。

決策者可以利用各種不同的要素來劃設評估系統的範圍，在環境問題中，空間與時間是最常被用來劃設系統邊界的要素，系統理論認爲每一個系統都是一個更大系統的子系統，每一個系統中也一定包含了一定數量的子系統，大系統通常會有較大的時間與空間尺度，而系統的複雜度則會隨著系統元件與關連數量的增加而快速上升。如圖 4.2 所示，若根據空間要素來劃分系統邊界，並將系統區分成較高層級、焦點層級以及較低層級的系統，這些系統具有層級的關係，焦點層級的系統是較高層級系統的子系統，而較低層級的系統則又是焦點層級的子系統。若我們將焦點層級作爲我們要評估的系統範圍，則位於較高層級的物件會以控制變項、強制函數或邊界條件的方式影響焦點層級的運作，而較低層級的系統（焦點層級中的子系統）則常以系統參數或是一個物件單元的方式在焦點層級中協同運作。可以發現，同樣的物件在不同尺度系統中會扮演完全不同的角色，而

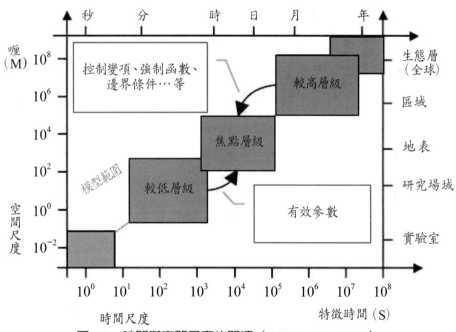

圖 4.2　時間與空間尺度的關連（Ralf Seppelt，2003）

系統尺度的選擇除了會直接影響系統的結構外，建模工具以及所需資訊也會不同。

　　不同的決策者通常會有不同的決策目標，而決策目標的選擇則會改變評估問題的系統範圍，以如圖 4.3 所示的土壤汙染評估問題為例，同樣的問題管理者可能想要知道土壤汙染的貢獻者，以作為後續損害賠償與汙染源管理的依據；受汙染的對象想要了解汙染場址中汙染物的種類與空間分布情形，確認災損情況以及後續整治所需要的成本；工程師想要知道汙染物在土壤中的傳輸狀況，以作為後續選擇整治工法與施工的參考；科學家想要了解汙染物在土壤中的反應機制，以了解土壤特性、植物根圈生態系以及陽離子交換能力（Cation exchange capacity, CEC）對汙染物流布的影響。決策目標的差異，使得不同的利害關係者（Stakeholder）在分析同樣的環境問題時，採取了不同的系統尺度與不同的系統邊界，在這種狀況下便產生了不同的物件組成、系統關聯以及系統結構。圖 4.3 展示了四個不同尺度大小的環境系統，其中 A、B、C、D 分別代表大尺度、中尺度、小尺度和微型尺度的環境系統，B 系統是大尺度系統 A 中的子系統，而中尺度的系統 B 則包含更小的環境系統 C 與 D，系統 A～D 是一種代表性的系統層級關係，在這個層級關係中，B、C、D 可視為系統 A 的子系統，此時系統 A 中的部分物件會轉化成外部環境的限制條件，以直接或間接方式制約 B 系統內的成員，透過這種方式形成層層制約的系統結構。

三、確認評估系統內的單元物件

　　因此在這個土壤汙染的案例中，如果決策目標是想確認汙染貢獻者則決策者可以選擇大尺度的環境系統（如圖 4.3(A)），若是決策目標是希望知道汙染物的空間分布則可選擇中尺度的環境系統（如圖 4.3(B)），當決策者在意汙染物在土層中的移動狀況則可選擇小尺度系統（如圖 4.3(C)），但是當決策重點是了解土壤的物化特性對汙染物吸附行為的影響時，則應

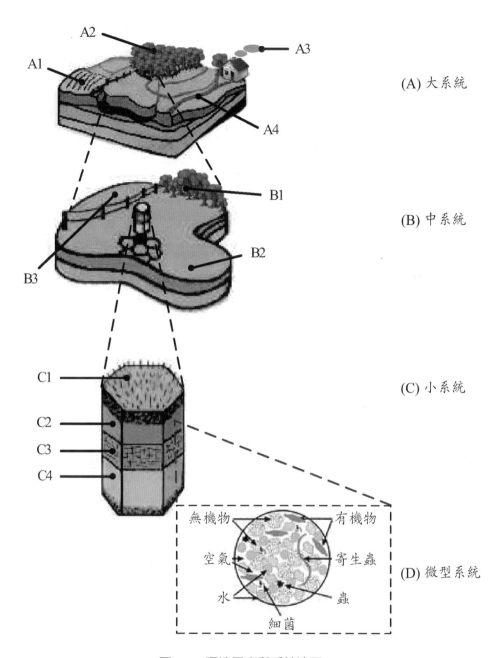

A2

A3

A1

(A) 大系統

A4

B1

(B) 中系統

B2

B3

C1

(C) 小系統

C2

C3

C4

無機物　　　　有機物

空氣　　　　　寄生蟲

水　　　　　　蟲

(D) 微型系統

細菌

圖 4.3　環境尺度與系統邊界

選擇微型尺度的系統（如圖 4.3(D)）。一旦確認系統範圍，便可依據決策目標進行系統物件的篩選，以系統 A 爲例，若大系統 A 中的決策目標爲汙染源鑑定與汙染控制，則農地（物件 A1）、森林（物件 A2）、工廠（物件 A3）與附近的河川（物件 A4）便成爲該系統的主要物件。

以系統 B 爲例，若管理者的決策目標是確認農地汙染的範圍，則在進行環境監測之前，必須了解外部系統對我們所關注的這個焦點系統的影響，例如在 B 系統中，農地、工廠與河流已經不再是 B 系統中的物件，這些物件以邊界條件或控制函數的方式影響著 B 系統的行爲（汙染的範圍與濃度分布），在 B 系統中主要的系統物件爲圖 4.3 中的物件 B1～B3。此時汙染物的濃度分布是決策者所關注的系統輸出，這些邊界條件或控制函數可視爲系統的輸入，受汙染土地的環境介質則可視爲環境系統，在這個土壤介質中汙染物被轉化與累積。在系統 C 中，如果決策目標是了解汙染物在土壤垂直面的吸附與分布狀況，則圖 4.3 中的物件 C1～C4 便可能成爲這個小系統的主要物件，而每一層的土壤特性則是該物件系統功能的展現。在微型系統中，土圈內的有機物、寄生蟲、細菌、水、空氣和無機質則是該系統的主要物件。由此可知，一旦決策目標確定了系統的邊界之後，系統內的物件組成以及物件關聯便會隨之改變，評估的參數和模式也會產生變動。

四、確認單元物件之間的關聯

系統理論認爲系統的物件會透過物質流、能量流與資訊流的方式彼此發生關聯並互相作用影響。以系統 A 爲例，系統內的農地、森林、工廠與附近的河川他們透過灌溉、大氣沉降、汙染排放與抽取地下水等行爲與受汙染農地發生關聯。而系統評估的目的就是在分析當這些關聯發生變化時，對系統元件或整體系統的影響以及應變之道。環境系統中，大部分的物件關聯多處於穩定的經常性狀態（如：水流、地下水流、洋流），有

些的物件之間的關連則是在某一個事件發生後才臨時建立起來的，如：山坡上的農園與下游集水區內的水庫，它們之間關係會因爲地表逕流所造物質的傳遞（非點汙染源）而建立起來，但這關係平常時並不存在，只有在降雨事件發生後才會建立起它們之間的關聯。以圖 4.4 爲例，環境系統中有工廠、河川、森林與農地等主要物件，它們透過空氣與水體介質的協助，進行了能量與質量的傳遞，在彼此相互影響下連結成一個小型的環境系統，這個環境系統會因爲物件與關連的增加變成一個更爲複雜的環境系統，也可以透過物件與關連的減少，縮減系統的複雜程度，環境評估者可以在根據決策目的調整物件與關連的數量後，選擇適當的評估模式與環境監測計畫。

五、確認物件特性與評估因子

系統理論認爲系統內的每一個物件都有其特定的目的與功能（Function），這些功能可以透過物件的狀態變數展現出來，如果這些狀態函數因爲某個事件的介入而產生變化，則表示物件的特性或功能會受到介

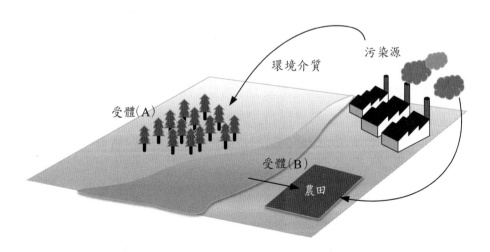

圖 4.4　環境物件與關連

入事件的影響而發生變化，若變化已超出物件容許的範圍，那麼便可能造成物件的功能障礙，進而導致整體系統效能的降低。如果我們把環境評估問題中的物件區分成汙染源（政策方案）、介質（關聯）與受體（利害關係者）三大類，則狀態變數（環境指標）也應包含這三大類的內容。但值得注意的是，系統中的每一個物件都擁有自己的獨特的功能特性，若想利用狀態函數來描述它們的特性時，必須掌握這些物件獨特的環境特性，並依據這些特性在適當的地點、適當的時間以及適當的頻率取得代表性的狀態數值，否則雖然建立了具代表性的指標架構，但可能會因為不適合的量測方式，造成錯誤的評估結果。

第二節　範疇界定

範疇界定是環境評估最基本、最關鍵的步驟，在經濟效益評估、生命週期評估（Life cycle assessment）等各類的環境評估問題中，利用範疇界定來確定評估範圍、對象與評估項目是環境評估作業的首要工作。以我國環境影響評估作業為例，在一般性環境影響評估中訂有「範疇界定指引表」（如表 4.2 所示），它的目的是希望透過指引表的方式，將上述的系統概念具體化，利用分類、分項的方式協助評估者釐清開發行為應評估的範疇以及應評估的項目。以鳥嘴潭人工湖開發案為例，來說明系統邊界的劃設，則評估時需先根據開發行為的內容，確認開發行為影響的環境類別（如：物理及化學、生態、景觀及遊憩、社會及經濟與教育及文化）與這些類別的可能影響範圍，因為每一個類別的影響範圍不同，因此根據評估的類別決策者可以劃設不同的子系統邊界。以圖 4.5 為例，假設這個開發行為會引發 A：震動、噪音、B：地表水資源、C：空氣品質等三種的環境衝擊，則根據這些類別的環境特性，決策者可以分別劃設不同評估子系

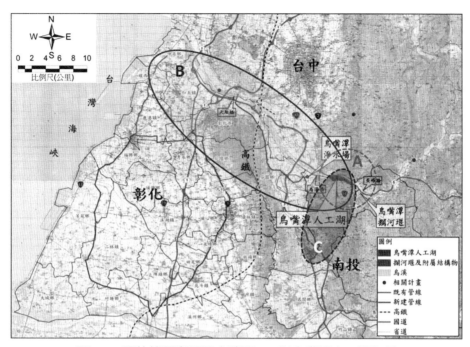

圖 4.5　評估範圍與項目之確認——以鳥嘴潭人工湖為例

資料來源：國土復育百年大計永續鳥嘴潭人工湖計畫，水利署電子報第 0013 期，
　　　　　2013。

統的系統邊界，這些子系統的評估範圍可能部分重疊，也可能毫無關連。
在重疊的區域內，子系統之間常會發生交互作用，例如空氣汙染物沉降於
地表後進入水體，非重疊的區域雖然很少看到明顯的交互作用，但間接性
的影響也不容忽視，特別是具有衝擊延遲現象的社會、經濟或生態評估問
題中。

　　一旦確認了系統與子系統的評估邊界後，決策者便可進一步確認在這
些範圍內受到影響的對象，亦即表 4.2 中所示的環境項目，環境項目的目
的是指引分析者確認在不同的子環境系統中，是否存在這些環境項目的物
件。環境評估的目的是了解政策方案或開發行為介入後對這些環境物件的

表 4.2　範疇界定指引表──以生態環境類為例

環境類別	環境項目	環境因子	範疇界定參考資料	評估項目	評估範圍	調查 地點	調查 頻率	調查 時間	備註
生態	1. 陸域動物	□ 種類及數量	族群種類、相對數量、分布、現場調查位置、時間、方法。						
		□ 種歧異度	種類、數量、豐富度、均度、採樣面積。						
		□ 棲息地及習性	動物生活習性、食物、生命週期、繁殖、棲息地資料。						
		□ 通道及屏障	調查區內植物分布資料、地形圖、動物活動觀察、移動通道及屏障。						
	2. 陸域植物	□ 種類及數量	植物種類、數量、植生面積、空照圖與現場勘查核對。						
		□ 種歧異度	種類、豐富度、均度、採樣面積。						
		□ 植生分布	植物種類、植生面積、植群分布、植物社會結構及生長狀況。						
		□ 優勢群落	優勢種、數量、分布。						
	3. 水域動物	□ 種類及數量	族群種類、數量、游移狀況、調查方法、位置、時間及範圍。						
		□ 種歧異度	種類、數量、豐富度、均度、採樣體積。						
		□ 棲息地及習性	游移特性、生命週期、繁衍方式及條件。						
		□ 遷移及繁衍	游移特性、生命週期、繁衍方式及條件。						

表 4.2　範疇界定指引表——以生態環境類為例（續）

環境類別	環境項目	環境因子	範疇界定參考資料	評估項目	評估範圍	調查 地點	調查 頻率	調查 時間	備註
	4. 水域植物	□種類及數量	種類、數量、植生情形與其分布。						
		□種歧異度	種類、豐富度及均度、採樣體積。						
		□植生分布	植生種類、面積、分布、生長狀況。						
		□優勢群落	優勢種、數量、分布。						
	5. 瀕臨絕種及受保護族群	□動物	稀有種、特有種、瀕臨絕種及政府公告之保育類野生動物、保護管育種制計畫。						
		□植物	稀有種、特有種、瀕臨絕種及珍貴稀有植物、保護管育種制計畫。						
	6. 生態系統	□優養作用	營養鹽之來源、排入量及防治方法。						
		□生物累積	有毒、有害或放射性物質之生物累積。						
		□食物鏈	生態資源生產力、食物鏈關係。						

影響，如第一章所述，衝擊是指「有計畫」及「無計畫」的情況下環境品質（或績效）的變化，要了解政策方案或開發行為介入後對環境物件的影響，必須先定義環境物件的行為特徵、衡量指標以及如何衡量。因此，在範疇界定表中，訂有環境因子項目用以說明環境物件的功能特性，例如以種類及數量、種歧異度、棲息地及習性、通道及屏障來說明陸域動物的系統性表現，當政策方案或開發行為介入造成這些特性或功能產生巨大變化時，便可說這些政策方案或開發行為會對陸域生態產生重大衝擊。

這些環境因子將被作為綜合評估指標，來呈現受影響對象的系統特徵，指標項目與數值的代表性直接決定評估結果的合理性，它們必須能夠反映受影響對象的行為特徵，也必須能與政策方案或開發行為的內容進行連接。因此，範疇界定指引表增列了「範疇界定參考資料」這個欄位，列出了幾項重要的參考依據，分析者可以根據這些參考資料利用現勘、文獻探討、相似案例分析、跨學門團隊討論、使用已建立的判定準則、專業研判的方式來確認指標的合適性。最後則是根據受影響對象的特性，確定後續的監測計畫（包含：指標項目、頻率、次數與地點），以取得正確有效的評估資訊。

第三節　資料的收集與處理

資料的數量與品質要求取決於決策的目標、可以容許的誤差範圍以及所選用的工具類別，因為資料的蒐集與生產常需要花費可觀的成本。過去環保署及地方環保單位每年花費為數可觀的經費進行相關環境資訊的調查與收集，以作為相關環境管理與決策之用。一個整合型的環境評估問題，通常需要各式各樣的環境資訊進行綜合分析，因此除了政府的公開資料外，也需要依據政策方案與開發行為的內容擬定未來的資料蒐集與生產計

畫（如圖 4.6 所示）。既存的環境資料常因爲不同的決策目標與品質要求，在資料數量、資料品質、監測項目上不一定能夠符合環境評估的需求，在使用時必須詳實記錄這些歷史資料的目的、環境背景、時間與資料品質，並說明對決策結果精確度的影響程度。

　　如果將資訊的品質區分成「資訊的精確與精密度」、「資訊的可信度」以及「資訊的代表性」等三種特性（如圖 4.7 所示）。其中資訊的代表性包含：監測的位置、採樣的頻率、樣本數、分析的項目與採樣時間等資訊，這些資訊在採樣計畫設計的階段中就必須確定下來；資訊的可信度則主要取決於監測計畫的落實程度，包含了執行採樣計畫的程序查核、工具查核等，其目的是確保採樣計畫的落實；資訊的精確與精密度要求，則取

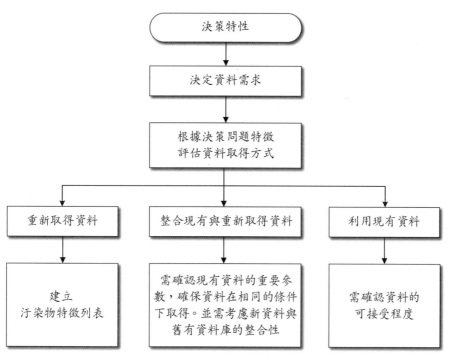

圖 4.6　決策與資料取得示意圖

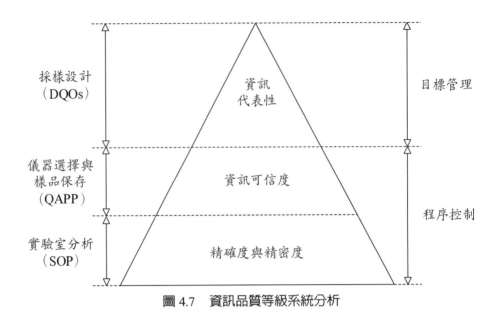

採樣設計（DQOs）

儀器選擇與樣品保存（QAPP）

實驗室分析（SOP）

資訊代表性

資訊可信度

精確度與精密度

目標管理

程序控制

圖 4.7　資訊品質等級系統分析

決於實驗室分析的品質控制，環境資料的品質的控制此三項缺一不可，因此在進行不同資料來源的資訊整合時，必須考慮這些歷史資料在這三個部分的控管情況，並於報告中詳實記錄。

一、資料生產與資料品質控制

　　為了維持環境資料品質，美國環保署於 2000 年 EPA Order 5360.1 A2 法案，要求 EPA 及其所屬單位建立品質系統（Quality system），以確保美國環保署有正確的資料可支援美國環保署的決策及相關環境計畫的擬定。美國環保署的品質系統由政策（Policy）、組織／計畫（Organization/Program）及專案（Project）等三個層次所組成，

1. 政策：說明美國環保署階層（Agency-wide）內的品質政策及相關法規。

2. 組織：說明組織如何執行及管理品質系統（如：Quality management plan 及 Quality system audit）。

3. 專案：說明屬於各別計畫之品質計畫執行與管理之要件，如：資料品質目標程序（Data quality objective process, DQOs）、標準作業程序（Standard operation procedure, SOP）、品保規劃書（QA project plan, QAPP）及資料品質評估（Data quality assessment, DQA）等。

在 PDCA 管理循環的概念下，美國環保署針對負責資料生產的專案（Project）層級，發展出不同的指引用來規範資料生產過程中的幾個重要程序（如圖 4.8 所示），期望在符合評估目標的品質需求（包含資料數量與資料品質）下，考量成本以及各種技術限制，利用 DQOs 程序來擬定最佳化的採樣計畫，執行階段利用 QAPP 與 SOP 來規範採樣程序以及分析程序的正確性，最後利用資料品質評估來確認資料生產計畫與執行計畫的正確性，作為後續修正資料生產程序的依據，以下簡要說明資料生產階段主要元件之內容。

1. 資料品質保證規劃書（QAPP），典型之 QAPP 內涵包括：

    ■ 計畫之管理：計畫內容之概述與界定、執行機構與責任、資料品質目標及有效性量度

    ■ 資料產生管理：資料收集設計、分析方法、校正程序與頻率、分析程序、資料之管理

    ■ 查核／稽核：系統之查核、成效之查核

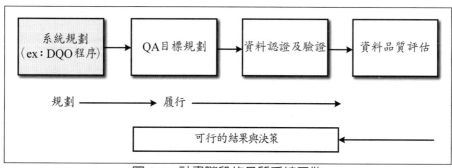

圖 4.8　計畫階段的品質系統元件

　　■ 評估：資料之確認、資料品質目標之符合性評估、整體性評估

　　■ 改善措施

2. 標準作業程序（SOPs），典型之 SOPs 內涵包括：

　　■ SOP 之內容與應用範圍

　　■ 檢測及調查方法之簡介

　　■ 安全與衛生之考量

　　■ 可能之干擾

　　■ 執行人員之資格

　　■ 儀器設備與相關支援需求

　　■ 資料收集之準備

　　■ 資料收集之方法選擇

　　■ 樣品之處理與保存

　　■ 樣品分析之準備

　　■ 樣品之分析與校正

　　■ 相關紀錄之執行與管理

　　■ 作業程序之 QA/ QC

3. 資料品質目標程序（Data quality objective process, DQOs）：

資料收集是指透過量測、監測、問卷與訪談等不同方式建立具體可用的資料集，同時取得現有的額外資料以整合成一個較為完備的資料集合。資料收集必須有目的性，實驗室規模的資料分析可以利用各種的實驗設計方法取得，而較大尺度的環境問題，則可能需要考量更多的環境因素以及更多樣本數量，為了在成本現制下取得必要的資料，美國環保署要求環保署及其所屬單位依系統化規劃程序（Systematic planning process）發展建立之一種應用於環境資料之調查、收集、評估及使用的可接受度標準（Acceptance criteria）或績效標準（Performance criteria），DQOs 即在滿足此要求下發展之程序（USEPA，2000）。DQOs 是以科學方法為基礎且符合邏輯及系統化之規劃程序，主要強調規劃及發展一套符合資料使用需求之採樣設計（Sampling design）及資料收集（Data collection）之程序，使得相關環境決策及環境計畫可獲得適當格式、數量及品質之資料之支援，因此 DQOs 定義及發展相關之數量及品質之標準以決定何時（When）、何地（Where）、收集／調查多少（How many）資料以達到某相對資料用途所需要之信賴度。DQOs 應與其品質保證（Quality assurance, QA）與品質管制（Quality control, QC）計畫一同並入採樣品質計畫中（QA project plan）。因此 DQOs 是在資料產生前即規劃及設計其格式、數量及品質等特性，屬於資料前置性（Prospectively）處理程序。DQOs 中主要包含了 7 個步驟：

(1)問題之陳述（State the problem）：包括對問題之定義、規劃團隊之界定、預算之評估及採樣時程之分析。

(2)決策之定義（Identify the decision）：主要之工作包括界定決策中可能之關鍵性問題內涵為何？初步評估可能方案有哪些？建立有關於問題之決策陳述（Decision statement）、若屬於多目標決策問題則需進一步整合其標的。

(3)界定決策之輸入資訊（Identify the input to the decision）：界定決策所須之資訊之範圍及特性、確定這些資訊之可能的來源、決策所需符合之基礎（如排放標準或風險分析之閥值）及確認符合決策資訊可能之採樣及分析方法。

(4)定義計畫之邊界（Define the boundaries of the study）：包括界定研究／計畫之主題及目標、界定計畫之空間範圍及邊界採樣位置及

尺度、界定計畫之時間架構（Time frame）如採樣時間間隔及尺度等、確認採樣計畫是否有特殊之限制等。

(5) 建立決策規則：（Develop a decision rule）：包含定義決策之關鍵參數、確認必需性的採樣及分析及相關活動、及這些活動之水準及程度。

(6) 確認決策可容忍之誤差限值（Specify tolerable limits on decision error）：包括確認關鍵參數之可能範圍、選擇零假設（Null hypothesis）、評估決策錯誤可能導致之結果、確認參數可接受之次要範圍（Gray region）、決定可能產生錯誤決策之可容許之機率。

(7) 資料獲取之最佳化設計（Optimize the design for obtaining data）：此步驟包括重新審查及分析 DQOs 各階段之結果、發展及建立資料收集設計之各替代方案、建立各資料收集設計之數學表示法（mathematical expressions）、選擇可以符合 DQOs 最小採樣規模、決定資源最有效使用之最佳設計或可接受之設計、將此設計之細節資料文件化。

　　妥善確實執行 DQOs 除獲得適當格式、數量及品質之資料以支援相關環境決策及環境計畫外，尚明顯具有下列效益包括：DQOs 之架構提供資料收集者、決策者及其他資料使用者一個便利之溝通管道，滿足不同利害關係者的資料需求；透過其分析過程，決策者可以進一步了解決策的風險度及可能造成錯誤決策之機率，有效提升決策之品質；透過 DQOs 之分析將使關鍵性之決策問題及參數得以發覺，因此有助於掌握關鍵資訊，並有效降低資料收集與分析之成本。

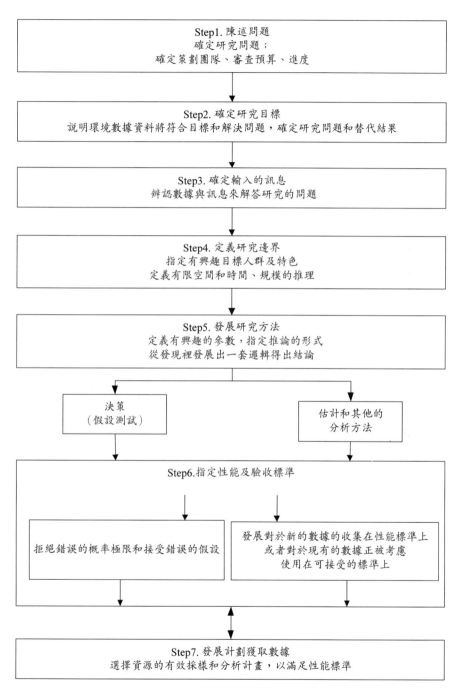

圖 4.9　系統性採樣設計的程序

表 4.3　範疇界定指引表

環境類別	環境項目	環境因子	範疇界定參考資料	評估項目	評估範圍	調查地點	調查頻率	起迄時間	備註
一、物理及化學	1.地形、地質及土壤	□地形	地形圖（平面、剖面）、水深圖、高程、坡向、坡度以及實地補充調查紀錄。						
		□地質	現地地質探查報告及紀錄、地質報告及地質圖、地質災害圖、不透水層位置與埋深深度。						
		□特殊地形或地質	現地勘查紀錄、地形圖、地質圖（地質構造）資料、保護管制計畫。						
		□土壤及土壤汙染	• 土壤鑽探紀錄、土壤組成、派縮特性、含水率、透水性、固化、液化特性及土壤化學性（含酸鹼值、重金屬含量）等資料。 • 廢棄物或廢（汙）水排放或廢棄物處理對土壤汙染之影響。						
		□取棄土及取砂石	取棄土場地形圖、整地施工計畫、挖填方處理、取土計畫、棄土計畫、以及抽砂或採砂石計畫（均含場所、地形、地質、施工方法、數量、運送方式、路線）。						
		□沖蝕及沉積	地形圖、集水區圖、土壤組成、風化及暴露程度、地形坡度、地面植生、水土保持、沖蝕沉積、河川地形圖、						

表 4.3　範疇界定指引表（續）

環境類別	環境項目	環境因子	範疇界定參考資料	評估項目	評估範圍	調查 地點	調查 頻率	調查 起迄時間	備註
			水道縱橫斷面、水道河岸沖蝕、水庫淤積、進水口沖刷或淤積、海岸地形圖、海底地形等地形圖、海岸地區沉積物分布圖、衛星影像等資料、距重要水道距離。						
		□邊坡穩定	地質探查紀錄、土壤性質、地層條件、地層結構、坡度、排水、風化狀況、崩塌紀錄、開挖型式、挖填土方量載等資料。						
		□基地沉陷	• 基礎調查紀錄、基礎深度、土壤組成、承載重量、基礎沉陷、地下水抽用情形。 • 施工中及完工後地下水位變化、地面下陷趨勢、範圍。 • 土壤液化資料與潛能分析。 • 計畫區位堆置棄土、礦碴以及鄰近地區之採礦紀錄。						
		□地震及斷層	研究單位提供之研究報告、地形圖、地質圖、地質構造圖、地震分級、地震紀錄等資料。						
		□礦產資源	礦產種類、數量、位置、型式、價值、開採現況、附近地區相同礦產分布。						

表 4.3　範疇界定指引表（續）

環境類別	環境項目	環境因子	範疇界定參考資料	評估項目	評估範圍	調查地點	頻率	起迄時間	備註
	2. 水文及水質	□海象	現地觀測紀錄、附近海象觀測站紀錄與研究分析報告，包括潮汐潮位（景觀、潮汐、潮差）、流況分析（潮流、匯流、分流、渦流、海流）、波浪（波高、漂頻率）、沿岸流（流向、流速）、漂砂、水深、飛砂、海底沉積物。						
		□地面水	・現場觀測紀錄或最近之水文觀測站紀錄、水體型式、位置、大小、水文特性、河床底質、水體使用、調節設施、排放設施、標的用水取引水地點之水文數據、必要之水理演算、輸沙量演算、潰提後淹沒區範圍演算水工模型試驗。 ・越域引水地點與排放口之地形圖、水文觀測紀錄、引水量分析。						
		□地下水	開發場所附近深井調查或地下水探查、抽水試驗與研究報告、地下水位、含水層厚度及深度、水層特性、滲透係數、出水量、季節變化、地下水流向、補注區補注狀況及水權量。						
		□水文平衡	水利機構研究報告、地面水及地下水之流入蓄積及流出抽用、水文循環及水資源管理、水資源設施操作方式。						

表 4.3　範疇界定指引表 (續)

環境類別	環境項目	環境因子	範疇界定參考資料	評估項目	評估範圍	調查 地點	調查 頻率	調查 起訖時間	備註
		□水質	・現場調查紀錄或觀測站觀測紀錄、水體資料、水質取樣分析紀錄、水體使用狀況、標的水質要求標準、汙染源、處理排放方式、水文資料、輸砂量及施工資料。 ・各種水質參數之變化(溫度、pH值、DO、BOD、COD、SS、氨氮、總氮、硝酸鹽氮、亞硝酸鹽氮、總凱氏氮、磷、正磷酸鹽、矽酸鹽、葉綠素、硫化氫、酚類、氰化物、陰離子界面活性劑、比導電度、重金屬、農藥、大腸菌類、礦物性油脂)。 ・農藥及肥料(種類輸入量)進入水體之可能傳輸途徑、殘留量。 ・廢(汙)水再利用計畫。						
		□排水	・現地地調查資料、集水區及排水地形圖、現有排水系統(斷面構造、坡度、過水容量)、地面淹水紀錄及範圍圖、坡向、地面覆植生、計畫排水型式及設施之配置圖、灌溉排水輸水設施圖、土壤透水性與侵蝕性。 ・溫水排放方式、排放地點調查與擴散效應等資料。						

表 4.3　範疇界定指引表（續）

環境類別	環境項目	環境因子	範疇界定參考資料	評估項目	評估範圍	地點	頻率	起迄時間	備註
						調查			
	3. 氣象及空氣品質（包括陸地及海上）	□洪水	現地觀測紀錄或附近水文站洪水觀測紀錄與研究調查報告、洪水位、洪水量、洪水流速、洪水演算、各河段洪水分配圖、排洪設施、洪水控制、計畫地區防洪計畫。						
		□水權	引水地點之水權量統計、過去引水或分水糾紛紀錄以及對下游河道取水之影響。						
		□氣候	氣象水文測站；開發範圍內或附近測站位置及型式、溫度、濕度、降雨量、降雨日數、暴雨、霧日、日照、蒸發量、發量、氣候紀錄時間、氣候月平均值、極端值資料。						
		□風	主要風向、平均風速、颱風紀錄、風花圖、建築物（外型及尺寸）與其他結構物之相對位置、風洞試驗成果分析。						
		□日照陰影	地理位置、建築物尺度、周圍結構物之分布及尺度、採光受阻之建築物數量及受阻程度。						
		□熱平衡	地理位置、地表熱能散發遮減率。						

表 4.3　範疇界定指引表 (續)

環境類別	環境項目	環境因子	範疇界定參考資料	評估項目	評估範圍	調查 地點	調查 頻率	調查 起迄時間	備註
		□空氣品質	・現地觀測或附近空氣品質站位置、設備型式、記錄時間、現地空氣品質狀況：鹽分、一氧化碳、碳氫化合物、粒狀汙染物、光化學霧、硫氧氣、氮氧化物、硫化氫、臭氧及有害汙染物等。 ・Dioxin 之檢測。 ・施工及營運期間各種汙染源之位置與汙染物排放量（包括交通量、車輛種類、數量、固定汙染源）。 ・經排放後環境中 SO_2、NOx、粒狀汙染物（PM_{10}、TSP）、CO、HC 之濃度與環境空氣品質標準之比較、最不利擴散之氣候條件時模擬汙染物濃度。 ・可能發生緊急狀況之短期高濃度。 ・地形對空氣滯留之影響。 ・各種工廠、火力電廠、焚化爐等燃燒、製程設施可能影響空氣品質之設計及操作資料。						
	4. 噪音	□噪音	・現場測定及附近噪音監測站之紀錄、音源型式、噪音裝置、傳播途徑、距離、緩衝設施、測定地點、						

表 4.3　範疇界定指引表（續）

環境類別	環境項目	環境因子	範疇界定參考資料	評估項目	評估範圍	調查 地點	調查 頻率	調查 起迄時間	備註
			量測方式、施工機具種類及數量、航空器種類及數量、飛航班次時間、陸路交通流量、地形地勢、土地利用型態。 • 施工中之交通噪音、施工機械噪音、環境背景噪音。 • 完成後之交通（航空）噪音、機械運轉噪音、環境背景噪音。						
5. 振動		□振動	現場測定及調查研究之資料包括振動源、特性、振頻、振動量、量測方式、地點、土壤種類、距離、土地使用型式。施工方式。施工中及完工後至少應分施工機械振動及交通工具振動。						
6. 惡臭		□臭氣	• 可能產生惡臭之來源、物質種類、發生頻率、時間、擴散條件及其濃度評估。 • 居民對惡臭影響之反應。						
7. 廢棄物		□廢棄物	• 地區之人口數、行政區分、區域土地使用方式、廢棄物產量、貯存清除處理方式。 • 施工期間廢棄物之種類、產量、分類、貯存、運輸路線、清除處理方法。						

表 4.3　範疇界定指引表（續）

環境類別	環境項目	環境因子	範疇界定參考資料	評估項目	評估範圍	調查			備註
						地點	頻率	起訖時間	
			・營運期間廢棄物來源、種類、性質、產量、清除、貯存、運輸路線、廢棄物回收再利用處理方式。 ・廢棄物貯存、清除、滲漏水及惡臭處理方法。 ・建築物或其他構造物中石綿等毒化物之調查處理。 ・自設掩埋場應預測廢棄物質量之變化、可能之地下水污染、覆蓋土來源之影響、滲出水處理、惡臭及最終土地利用。 ・自設焚化爐應處理提出飛灰、爐渣量以及清除、處理方式；灰渣重金屬溶出試驗。						
	8. 電波干擾	□電波干擾	・建築物設置產生之障礙。 ・電車、大眾捷運電訊系統對鄰近無線電系統及其他通信系統造成之電磁干擾。 ・電力機械造成之突發性電磁輻射干擾。 ・高架結構物對無線電波或電視信號之遮蔽或反射。						

表 4.3 範疇界定指引表（續）

環境類別	環境項目	環境因子	範疇界定參考資料	評估項目	評估範圍	調查 地點	調查 頻率	調查 起迄時間	備註
	9. 能源	□能源	• 當地能源供應方式、居住戶數、平均每戶能源消耗量。 • 能源來源。 • 能源節約計畫。 • 省能源計畫。						
	10. 核輻射	□核輻射源、劑量	• 直接輻射、放射性液體外釋劑量、放射性氣體外釋劑量（包括惰性氣體、碘、氚等微粒及微粒）、一般人之年有效等效劑量及集體有效等效劑量。 • 緩衝帶劃設資料。						
	11. 核廢料	□核廢料來源、種類、性質、儲存處理方式	• 待儲存或處理廢料之來源、種類、輻射性質（核種名稱、核種濃度、每年擬存量或處理各核種總活度、汙染分布狀況）。 • 儲存或處理之廢料、總重量（每年）、總體積（每年）、平均密度、發熱量及其組成。 • 廢料之篩選、分類、包裝、裝載作業、處置前檢查程序。 • 儲存處理設施之設計、規格、使用年限資料及其二次汙染防治設施資料。 • 核廢料運送方式、工具及路線。						

表 4.3　範疇界定指引表（續）

環境類別	環境項目	環境因子	範疇界定參考資料	評估項目	評估範圍	調查地點	調查頻率	調查起迄時間	備註
二、生態	1. 陸域動物	□種類及數量	族群種類、相對數量、分布、現場調查位置、時間、方法、範圍。						
		□種歧異度	種類、數量、豐富度、均度、採樣面積。						
		□棲息地及習性	動物生活習性、食物、生命週期、繁殖、棲息地資料。						
		□通道及屏障	調查區內植物分布資料、地形圖、動物活動觀察、移動通道及屏障。						
	2. 陸域植物	□種類及數量	植物種類、數量、植生面積、空照圖與現場勘查核對。						
		□種歧異度	種類、豐富度、均度、採樣面積。						
		□植生分布	植物種類、植生面積、植群分布、植物社會結構及生長狀況。						
		□優勢群落	優勢種、數量、分布。						
	3. 水域動物	□種類及數量	族群種類、數量、游移狀況、調查方法、位置、時間及範圍。						
		□種歧異度	種類、數量、豐富度、均度、採樣面積。						
		□棲息地及習性	游移特性、生命週期、繁衍方式及條件。						
		□遷移及繁衍	游移特性、生命週期、繁衍方式及條件。						

表4.3 範疇界定指引表（續）

環境類別	環境項目	環境因子	範疇界定參考資料	評估項目	評估範圍	調查 地點	調查 頻率	調查 起迄時間	備註
	4.水域植物	□種類及數量	種類、數量、植生情形與其分布。						
		□種歧異度	種類、豐富度及均度、採樣體積。						
		□植生分布	植生種類、面積、分布、生長狀況。						
		□優勢群落	優勢種、數量、分布。						
	5.瀕臨絕種及受保護族群	□動物	稀有種、特有種、瀕臨絕種及政府公告保育類野生動物、保護營制計畫。						
		□植物	稀有種、特有種、瀕臨絕種及珍貴稀有植物、保護營制計畫。						
	6.生態系統	□優養作用	營養鹽之來源、排入量及防治方法。						
		□生物累積	有害、有毒或放射性物質之生物累積。						
		□食物鏈	生態資源生產力、食物鏈關係。						
三、景觀及遊憩	1.景觀美質	□原始景觀	景觀原始性、可觀賞性及可賞利用方式、開闊性、和諧性、組成、位置。						
		□生態景觀	視覺主體組成、生態美質、品質及使用狀況、環境保育方式、觀景點位置、特殊性、範圍、型式、數量。						
		□文化景觀	具文化性價值美質、目的及使用狀況、位置、特有性、範圍、型式、類別。						

表 4.3　範疇界定指引表（續）

環境類別	環境項目	環境因子	範疇界定參考資料	評估項目	評估範圍	調查 地點	調查 頻率	調查 起迄時間	備註
	2. 遊憩	□人為景觀	計畫實施前後視覺景觀變化之模擬、景觀規劃設計計畫內容、視覺範圍、品質、現地勘查紀錄、人為構物景緻、位置、視野分析、特性、型式、數量。						
		□遊憩需求	遊憩設施使用次數、人口成長、遊憩方式、需求預測。						
		□遊憩資源	靜態、動態遊憩資源、位置、型式、規模、可開發性、規劃報告、保護管制計畫。						
		□遊憩活動	遊憩方式、目的、時間、主題、發展。						
		□遊憩設施（含建築體）	設施型式、數量、遊憩使用狀況、保護管制計畫。						
		□遊憩體驗	遊客訪問調查、心理向度分析、遊憩方式調查。						
		□遊憩經濟效益	遊憩區內、四周之受益情形。						
		□遊憩承載量	遊憩需求及資源潛力限制、社會心理承載量、環境承載量。						
		□遊憩類別	遊憩規模、型態（都會型、鄉村型、原野型、自然型等）、遊憩序列之界定。						

表4.3 範疇界定指引表（續）

環境類別	環境項目	環境因子	範疇界定參考資料	評估項目	評估範圍	調查			備註
						地點	頻率	起迄時間	
四、社會及經濟	1. 土地使用	□使用方式	都市計畫、都市更新計畫、區域計畫、非都市土地使用計畫、建築物及土地使用現況、土地使用分區圖。						
		□鄰近土地使用型態	位置圖（鄰近垃圾場、礦區、棄土場、海岸、濕地等位置）以及相關資料。						
		□發展特性	地區發展歷史、發展型式及重點、聚落型態、成長誘因及發展限制條件。						
		□住宅拆遷	（刪除）						
	2. 社會環境	□人口及組成	（刪除）						
		□公共設施	下水道、垃圾處理、公共給水、電力、瓦斯、停車場、教育文化、郵電、市場。						
		□公共服務	（刪除）						
		□公共衛生及安全	現有公共衛生、公共安全制度及執行狀況、環境衛生及飲用水水準、公共危害事件資料、醫療保健。						
		□化學災害	災害發生或然率。災害影響範圍及程度。預防及緊急應變措施計畫。						

表 4.3　範疇界定指引表（續）

環境類別	環境項目	環境因子	範疇界定參考資料	評估項目	評估範圍	調查地點	頻率	起迄時間	備註
	3. 交通	□管線設施	施工期間對自來水管線、下水道、瓦斯管線及油管、高低壓電纜、電話線及交通號誌電纜之服務，可能造成之損害。						
		□交通運輸	• 交通設施、運輸網路及其服務水準。 • 運輸途徑、運輸工具、頻率、計畫區附近聯外道路現況及其服務水準。 • 施工期間及完工後之運輸路徑及其交通量變化。 • 交通設施、主次要道路、遊憩步道、車站、運輸工具等。 • 步道維持車輛需求。 • 交通維持計畫。						
		□施工交通干擾	• 道路、人行道、建築物通道封閉或改道。 • 車道封閉。 • 道路人行道之破壞。						
		□其他運輸工具	（刪除）						
	4. 經濟環境	□就業	（刪除）						
		□經濟活動（含地方財政）	（刪除）						

表 4.3　範疇界定指引表（續）

環境類別	環境項目	環境因子	範疇界定參考資料	評估項目	評估範圍	調查 地點	調查 頻率	調查 起迄時間	備註
		□漁業資源	漁場作業、人工魚礁與海洋牧場等之面積、漁獲量、產值、漁場拆遷及漁業權撤銷之補償。						
		□土地所有權	土地所有權、土地之大小、分布、使用情形。						
		□地價	（刪除）						
		□生活水準	（刪除）						
		□社會體系	（刪除）						
	5. 社會關係	□安全危害	・現地勘查紀錄及相關資料。 ・可能之範圍及位置圖。 ・防護設施之說明或規範。						
		□社會心理	居民居住分布、教育職業組成、與計畫之關係、有關遷村、補償及輔導就業資料。						
	6. 開放空間	□開放空間	開放空間之改變、消失或創新。						
	7. 阻隔	□阻隔	施工及運轉時期造成之心理性阻隔及活動性阻隔。						
	8. 私密性及心理	□私密性及心理	・路線兩側及場站設施附近居室受視線侵犯之範圍。 ・住宅區居民受噪音振動影響。						

表 4.3　範疇界定指引表（續）

| 環境類別 | 環境項目 | 環境因子 | 範疇界定參考資料 | 評估項目 | 評估範圍 | 調查 | | | 備註 |
						地點	頻率	起迄時間	
五、教育及文化	1. 教育性及科學性	□建築	建築物位置、型式、特點、價值、使用狀況、維護方式。						
		□生態系	特殊價值、種類、規模、價值、保育方式。						
		□地質、地形	特殊地質地形、位置、型式、特殊性及價值、保護方式。						
	2. 歷史性	□建築物、結構體	建築物、結構體位置、型式、特點、價值。						
		□宗教寺廟、教堂	位置、型式、數量、特點。						
		□活動、事件	特定活動、事件、民俗、典故、歷史特性及價值。						
	3. 文化性	□民俗	特性、保存價值、保存方式。						
		□文化	・特性、特性、保存價值、保存方式。 ・地域內文化資產和史蹟調查。 ・施工中及完工後文化資產及史蹟環境更程度與周圍環境現況之改變。						

註：本指引表之項目及因子得依個案需求而選擇界定

📖 問題與討論

1. 下列何者係環境保護規劃工作之第一階段？（91 年環境工程高考，專業知識測驗，1.25 分）

   A.基本資料蒐集

   B.初步系統分析及界定問題

   C.規劃方案

   D.決策分析

2. 試以國內現行推動之環保科技園區政策，說明如何應用「環境系統分析」技術（或方法）於其開發，營運等不同階段之規劃及管理工作上？

   （92 年環境工程技師高考，環境規劃與管理，20 分）

3. 台灣山坡地常有土石流災害及相關的問題存在，如何應用環境系統分析的方法規劃解決的方案及決定解決問題的優先次序？（93 年環境工程高考，環境規劃與管理，25 分）

4. 說明環境管理的程序，以及制訂環境決策所依據的準則（Criteria）。（95 年環境工程、環保技術三等考，環境規劃與管理，25 分）

5. 環境監測資料是環境管理的重要依據。試問，就輔助環境管理的功用來看，環境監測資料主要的優點及缺點有哪些？欲規劃適當之環境監測，應考慮哪些因素？（96 年環保行政、環境工程、環保技術地方特考，環境規劃與管理，25 分）

6. 最近經濟部工業局規劃在雲林離島地區開發基礎工業區，並進而輔導業者設置一貫作業煉鋼廠及石油化學工業專區。請就石油化學工業專區之輕油裂解廠，簡要說明其所可能造成的環境影響，並列舉你認為較重要之四項環境影響評估項目。（96 年環工技師高考，環境規劃與管理，30 分）

7. 就國家的治理或經營管理而言，「環境規劃與管理」或「環境管理」是

有效達成「環境保護」目的與目標的基本手段，你的看法如何？道理何在？請使用系統分析或管理的原則申論之。(97 年環保行政、環境工程、環保技術地方特考，環境規劃與管理，25 分)

8. 環境問題包羅萬象，然而因資源有限，往往有必要排定管理的優先次序。試問環境問題優先次序的排定應考量哪些因素？而對某一環境問題研擬決策時，常會依據哪些準則？試在前兩項問題的基礎之上，說明環境管理的程序。(99 年環保技術人員高等考，環境規劃與管理，25 分)

9. 環境系統分析的目的及特性為何？試以集水區管理為例說明環境系統分析的程序。(99 年環保技術人員高等考，環境規劃與管理，25 分)

chapter 5

現況分析與問題診斷

　　常見的環境評估問題包含現況分析、問題診斷、衝擊或效益分析、策略規劃、績效評估與控管等不同層次與面向的問題。實務上，環境評估可以只偏重任何一個問題面向，也可以全面性的展開成為一系列的綜合性評估問題，但無論是何種類型的環境評估問題都必須建立在正確的資料與合理化的數據分析上。受到系統規模以及評估經費的限制，評估者無法以普查的方式來呈現環境現況，而是利用採樣設計的方式從母體中取得數量充足且具代表性的樣本，利用這些有限的樣本來推論母體的特性。環境現況可以直接利用抽樣數據來描述，也可以透過模式的協助做進行進一步的推論，利用模式進行環境現況的描述與推論需要非常嚴謹的分析程序，常見的分析程序如圖 5.1 所示，分析者從母體中取得部分樣本，並將樣本分成兩個子樣本，其中一部分的子樣本被用來率定模式中的參數，另一部分的子樣本則被用來驗證模式的可靠性，如果率定與驗證過程，參數與模式均通過準確性評估，則這些參數將可被用來推估母體中其他未被抽中的樣本

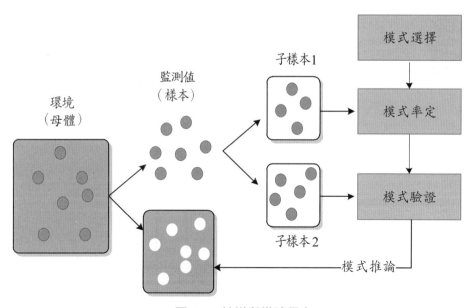

圖 5.1　抽樣與推論程序

的數值，透過這樣的程序來推估環境的整體狀況。一般而言，模式中的參數組合代表待評估系統的環境特徵，一旦參數無法通過正確性與準確定檢定，表示需要另外選擇其他環境模式、增加樣本數或是樣本的代表性。

　　資料分析的方式取決於分析目的以及資料型態。一般而言，環境評估常會面臨預測、分類、相關性、因果關聯等不同類型的資料分析問題。若以投入（Input）、系統程序（System procedure）以及產出（Output）的系統觀點（如圖 5.2 所示）來說明資料分析的內涵，則可用方程式（5.1）來說明它們三者之間的關係。

$$(Y_1, Y_2, Y_3, \cdots Y_m) = f(x_1, x_2, x_3, \cdots, x_n, a_1, a_2, \cdots, a_n) \qquad (5.1)$$

　　其中自變數 x_1, x_2, $\cdots$, x_n 代表系統的投入變數（X）；a_1, a_2, $\cdots$, a_n 代表系統內部的參數（A）；y_1, y_2, y_3, $\cdots$, y_m 則表示環境系統的輸出變數（Y），它代表的是某一個特定的投入組合，經過系統程序的作用後的最終反應，也就是所謂的系統行為。相似的環境系統，系統內部會有相似的物件組成以及物件關聯，在相同的投入組合下，它們會反映出相似的系統行為，不同的系統變數（a）則會反映出它們之間的行為差異。環境評估與資料分

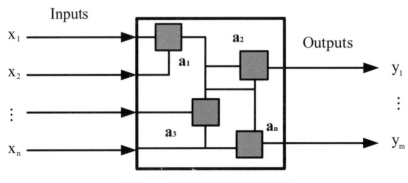

圖 5.2　系統投入與產出模型

析的目的就是建立投入變數（X）、系統參數（A）、行為變數（Y）以及系統程序（f）之間的關係。從方程式（5.1）以及圖 5.2 便可以定義出不同的環境評估問題，例如：

- 哪些系統輸出最能代表整體的系統行為
- 如何預測系統行為的動態變化
- 哪些輸入變數對系統行為的影響最大
- 如何透過系統輸入來預測系統行為
- 如何建立投入變數與系統行為之間的關係
- 如何律定系統參數
- 如何根據系統行為，回饋修正系統投入與系統程序
- 什麼樣的投入組合可以獲得最期望的系統輸出
- 如何使系統輸出更為穩定

以下便針對環境評估作業中常見的現況問題分析進行說明。

第一節　重要變數篩選

一、主成分分析

　　尋找關鍵變數或是綜合性特徵是環境評估過程中常見的問題，因為透過關鍵變數與環境特徵的掌握，決策者可以簡化複雜的評估問題，也可以進一步擬定後續的管理與控制計畫。主成分分析（Principle components analysis, PCA）是一種常見的多變量統計分析（Multivariate statistical analysis），它利用線性轉換將原始數據轉換到另一個新的坐標系統，利用原有的變數組合成新的變數，以達到資料縮減的目的，但卻能夠保留住數據本身所提供的重要資訊。也就是說，對原本具有 p 個變數的資料集，主成分分析會以這 p 個變數進行線性組合，若可產生 m 個互相獨立的線

性組合並使解釋變異量最大化，這些線性組合被稱爲主成分（Principle components）是轉換後的新求解空間的獨立變數。主成分分析之目的是希望以最少的新變數來解釋原先資料變數的變異，並且保留原先資料變數的特性，其被認爲是一種「維度簡化」（Dimensional reducing）的技巧。透過這樣的線性組合，原有的變數被群組化，而所組成的群組則代表了一個具有獨立特徵的潛在變數（Latent variable），藉由這樣子的分析，決策者可以釐清複雜環境問題的關鍵特徵。

案例 5.1

　　若決策者想藉由一個地下水監測計畫，了解某一個區域的地下水水質狀況，在這個監測計畫中監測變數包含了：pH、水位、導電度、氧化還原電位、溶氧量、總硬度、鎳、鋅、鉻、鐵、錳、砷、總有機碳、氯鹽、總溶解固體、硝酸鹽氮、硫酸鹽、氨氮及總酚等 19 個環境變數（完整資料如本章末附件一所示）。除了了解單一環境變數的數值大小外，若決策者想了解該區域具有哪些綜合性的環境特性，則可利用主成分分析進行監測變數的分類與篩選。

解答 5.1

　　表 5.1 是主成分分析的結果，上述的 19 項水質參數，經過變數的線性組合後，可以被歸類成六個獨立的主成分，累積解釋變異量達 79.679%，表示這六個獨立的主成分可以解釋原本資訊量的 79.679%。從表 5.1 中可得知，第一主成分所占整體的解釋變異量爲 27.177%，亦代表其第一主成分可解釋整個地下水環境特徵占 27.177%，其主成分由總有機碳、氨氮及總酚所組成；同理，第二主成分可解釋整個地下水環境特徵占 17.616%，其主成分由水位、導電度及鋅所組成；第三主成分可解釋整個地下水環境特徵占 11.885%，其主成分由氯鹽及總溶解固體所組成；第四主成分可解釋整個地下水環境特徵占 10.088%，其主成

分由錳及硝酸鹽氮所組成；第五主成分可解釋整個地下水環境特徵占
7.603%，其主成分由 pH 進行組成；第六主成分可解釋整個地下水環境
特徵占 5.310%，其主成分由鐵及砷所組成。

　　主成分分析可以被用來簡化變數個數，並將具有共同特徵（亦即
主成分）的變數進行歸類，如表 5.1 所示溶氧量、氧化還原電位、鎳、
總硬度與硫酸鹽等數個變數，因為它們的可解釋變異量不高，可以被捨
棄。分析結果顯示座標轉置之後，共有六個獨立的主成分，表示可以用
這六個潛在環境變數來說明原有的數據集，決策者可以根據問題特性以
及每一個主成分內的變數組成命名主成分，並利用這六個潛在的境變
數，來解釋地下水的環境狀況。

表 5.1　地下水之主要成分分析結果

變數	主成分					
	1	2	3	4	5	6
總有機碳	0.945	0.099	0.025	-0.076	-0.031	-0.059
氨氮	0.942	0.208	0.026	-0.088	0.000	0.029
總酚	0.889	0.035	0.044	-0.058	0.006	-0.068
鋅	-0.031	0.869	0.010	0.150	0.192	0.080
導電度	0.382	0.731	0.408	-0.058	-0.090	0.056
鉻	0.639	0.658	0.010	-0.070	0.050	-0.038
水位	-0.032	-0.687	0.096	0.415	0.077	0.166
總溶解固體	0.056	0.074	0.947	0.015	0.066	-0.029
氯鹽	0.016	0.070	0.968	-0.035	-0.046	0.100
硝酸鹽氮	-0.110	-0.005	-0.096	0.874	-0.091	-0.171
錳	-0.021	-0.038	0.036	0.864	-0.072	-0.063
pH 值	0.115	0.394	-0.013	-0.191	0.772	-0.055
砷	-0.047	-0.085	-0.065	-0.066	0.100	0.900

表 5.1　地下水之主要成分分析結果（續）

變數	主成分					
	1	2	3	4	5	6
鐵	-0.039	0.084	0.244	-0.092	-0.276	0.739
溶氧量	-0.414	-0.322	-0.058	-0.271	0.603	-0.133
氧化還原電位	0.602	-0.367	-0.044	-0.002	0.502	0.027
鎳	0.422	0.438	-0.062	-0.258	-0.004	-0.039
總硬度	-0.043	-0.218	0.640	0.517	-0.33	0.196
硫酸鹽	-0.309	-0.212	0.340	0.554	-0.328	0.075
解釋變異量（%）	27.177	17.616	11.885	10.088	7.603	5.310
總解釋變異量（%）	27.177	44.793	56.678	66.766	74.369	79.679

二、逐步迴歸分析（Stepwise regression）

迴歸分析（Regression analysis）經常被用來解釋自變數（Independent variable）與依變數（Dependent variable）之間的關係，透過估算每一個自變數對依變數的影響力（貢獻），來預測自變數改變時依變數的可能變動量。變數選擇是迴歸分析的關鍵步驟，通常決策者會希望找到幾個關鍵的自變數來解釋依變數的變異量，如此決策者可以更有效的進行依變數的控制與預測。除了用主觀的方式決定自變數外，也可以根據自變數對依變數的解釋能力，將自變數納入迴歸方程式之中，變數的篩選方式常見的有「向前增加（Forward addition）」、「往後刪除（Backward elimination）」以及「逐次估計（Stepwise estimation）」幾種方式；

1. 向前增加（Forward addition）：自變數的選取是以達到統計顯著水準的變數，依解釋力的大小，依次選取進入迴歸方程式中，以逐步增加的方式，完成選取的動作。

2. 往後刪除（Backward elimination）：先將所有變數納入迴歸方程式

中求出一個迴歸模式，接著，逐步將最小解釋力的變數刪除，直到所有未達顯著的自變數都刪除爲止。

3. 逐次估計（Stepwise estimation）：逐次估計是結合向前增加法和往後刪除法的方式，首先，逐步估計會選取自變數中與應變數相關最大者，接著，從剩下的自變數中選擇和應變數有較大相關係數者（解釋力較大者），每新增一個自變數，就利用往後刪除法檢驗迴歸方程式中，是否有需要刪除的變數，透過逐步增加變數，以及逐步刪除解釋力較弱的自變數，直到所有選取的變數都達顯著水準爲止，就會得到迴歸的最佳模式。

案例 5.2：重要變數篩選──逐步迴歸法

　　某一焚化爐的檢測資料如本章末附件二所示，監測資料包含了戴奧辛（Y）、垃圾投入量（X_1）等 24 個觀測變數，若想用一組變數組合來解釋或預測戴奧辛的生成量，則決策者可以利用逐步迴歸進行重要變數篩選以及分析這些重要變數對戴奧辛生成量的影響。

解答 5.2

步驟一：變數檢驗─顯著水準及相關係數分析

　　進行逐步迴歸時，需先利用 F 檢定確定每一個獨立變數與相依變數的相關係數是否顯著，以作爲逐步回歸過程選入或剔除變數的標準。一般而言，爲了讓最終的迴歸方程具有足夠的變數，顯著水準不得過小。以 F 檢定的水準作爲選入迴歸方程式的依據，當 F 值愈大則優先考量。相反的，在剔除變數的過程中，當 F 值愈小則優先剔除。如表 5.2 爲相關性分析的結果，可發現變數 X_2、X_3、X_4、X_6、X_{14}、X_{19}、X_{21} 皆與戴奧辛有顯著水準，其中又以 X_4 與戴奧辛生成量的相關係數較大，因此以變數 X_4 作爲優先考量變數並進行下一階段的分析。

表 5.2　戴奧辛與其他監測項目之相關係數表

變數	Y	X_1	X_2	X_3	X_4	X_5	X_6	X_7	X_8	X_9	X_{10}	X_{11}	X_{12}	X_{13}	X_{14}	X_{15}	X_{16}	X_{17}	X_{18}	X_{19}	X_{20}	X_{21}	X_{22}	X_{23}
Y	1.000																							
X_1	.155	1.000																						
X_2	.381**	.373**	1.000																					
X_3	.271*	.334**	.859**	1.000																				
X_4	-.391**	-.149	-.161	-.166	1.000																			
X_5	-.068	.071	.108	-.014	.096	1.000																		
X_6	-.249*	-.269*	-.132	.000	.261*	-.296**	1.000																	
X_7	-.217	.052	-.201	-.270*	.435**	.190	-.054	1.000																
X_8	-.090	.081	.060	-.151	.194	-.161	.016	.158	1.000															
X_9	.099	.139	.142	.163	-.062	-.186	-.130	.022	-.130	1.000														
X_{10}	.006	.041	.340**	.283**	-.209	.196	.173	-.283*	-.131	-.094	1.000													
X_{11}	.106	.131	.332**	.418**	.093	.218	-.238*	.234*	.158	.337**	.246*	1.000												
X_{12}	.075	.158	.325	.412**	.107	.209	-.231*	.226	.131	.323**	.252*	.995**	1.000											
X_{13}	-.036	-.014	-.094	.134	.131	-.135	.108	.153	.226	-.096	-.247*	-.014	-.029	1.000										
X_{14}	.258*	.336**	.471	.550**	-.430**	.080	-.215	-.442**	-.116	-.081	.432**	.154	.144	.201	1.000									
X_{15}	.045	-.028	.273	.165	-.116	-.013	-.003	-.101	-.003	.153	.105	.033	.017	-.358**	-.032	1.000								
X_{16}	.041	-.139	.101	.147	-.100	-.173	.221	-.014	.221	.229*	.025	.157	.133	.045	-.087	.404*	1.000							
X_{17}	.016	.057	-.016	-.018	-.115	-.110	.230*	.233*	.147	.100	.280**	.114	.110	.177	.066	.023	.403**	1.000						
X_{18}	.044	-.048	.154	.192	-.051	-.159	.466**	-.084	-.018	.096	.159	-.080	-.091	.002	-.038	.336*	.740**	.592**	1.000					
X_{19}	.240*	.092	-.034	-.158	.075	.046	-.281*	.269*	.192	.025	-.350**	.148	.148	.280**	-.125	-.281*	-.038	.026	-.217	1.000				
X_{20}	-.190	-.074	-.180	-.148	.125	-.271*	.221	.360**	-.158	-.225	-.149	-.006	.014	.080	-.261*	.111	-.044	.199	.100	.003	1.000			
X_{21}	.349**	.056	.398**	.320**	-.265*	-.107	-.091	-.048	-.148	-.006	.204	.349**	.358**	-.187	.226	.134	.011	.158	-.018	.037	.128	1.000		
X_{22}	.187	.219	.412**	.462**	-.220	.241*	-.052	-.337**	.320	-.208	.474**	.241*	.240*	-.030	.662**	.094	.040	.061	.135	-.172	-.087	.196	1.000	
X_{23}	.181	.362**	.809**	.915**	-.127	-.090	.096	-.289*	.462	.199	.280**	.215	.201	.229*	.585**	.148	.167	.023	.279**	-.211	-.173	.140	.382**	1.000

** 在顯著水準為 0.01 時（雙尾），相關顯著。

* 在顯著水準為 0.05 時（雙尾），相關顯著。

步驟二：篩選變數

　　逐步迴歸以迴歸分析方法為基礎進行重要變數的篩選，篩選過程中迴歸變數有進有出。首先，依據依變數與自變數的相關係數與顯著值挑選變數，並進行單變數線性迴歸，之後，再逐步引入其他變數，當加入的自變數會使迴歸模式具有更高的 F 檢驗值時，應保留新增的自變數，並對原有的自變數進行檢定，若仍維持統計上的顯著關係，則保留原有變數，若不顯著則予以剔除。重複這個過程直到模型具有最大 F 檢驗值且已無變數可以新增或剔除為止。在此案例中，先將 X_4 與戴奧辛進行迴歸分析，並且探討其他變數的顯著性，是否可放入迴歸模式，從表 5.3 發現，與其他變數相比，X_2 具有較高的顯著性，故第二階段中將 X_2 選入其迴歸模式中。而後，重複這個動作直到沒有任何自變數與依變數有顯著及相關時，便完成變數篩選。

表 5.3　第一個模型之排除變數表

變數	β	t	顯著性	偏相關
X_1	.099	.899	.372	.106
X_2	.326	3.144	.002	.350
X_3	.212	1.962	.054	.227
X_5	-.031	-.279	.781	-.033
X_6	-.157	-1.410	.163	-.165
X_7	-.058	-.479	.633	-.057
X_8	-.015	-.133	.895	-.016
X_9	.075	.692	.491	.082
X_{10}	-.080	-.718	.475	-.085
X_{11}	.144	1.324	.190	.155

表 5.3　第一個模型之排除變數表（續）

變數	β	t	顯著性	偏相關
X_{12}	.118	1.082	.283	.127
X_{13}	.015	.138	.891	.016
X_{14}	.110	.912	.365	.108
X_{15}	.000	.001	.999	.000
X_{16}	.002	.018	.986	.002
X_{17}	-.029	-.266	.791	-.032
X_{18}	.024	.223	.824	.026
X_{19}	.271	2.590	.012	.294
X_{20}	-.144	-1.320	.191	-.155
X_{21}	.264	2.426	.018	.277
X_{22}	.106	.957	.342	.113
X_{23}	.133	1.220	.227	.143

步驟三：結果闡釋

　　經過上述的重複性變數篩選程序，結果如表 5.4 所示。可發現第一個模型適配度 0.200，F 值爲 19.804，而第二個模型的適配度 0.301，F 值爲 17.168，最後觀察第三個模型的適配度 0.374，F 值爲 15.923。從整體結果來看，本案例選擇 F 檢驗水準最小的作爲本案例的模型，其中，影響戴奧辛較高的變數分別爲 X_4、X_2 及 X_{18}，如方程式（5.2）所示，影響權重分別爲 -0.008、0.015、0.001。經過階段性迴歸分析的協助，管理者可以利用較少的變數個數來解釋戴奧辛的生成量，對一個有經費限制的監測計畫而言，變數的減少可以有效降低檢測分析的費用。同時，若想要進行戴奧辛生成量的控制則變數 X_4、X_2 及 X_{18} 可能是最關鍵的控制變數。

$$Y = -0.419 - 0.008 \times X_4 + 0.015 \times X_2 + 0.001 \times X_{18} \qquad (5.2)$$

$$(t = -2.131) \quad (t = -3.617) \quad (t = 3.359) \quad (t = 2.844)$$

表 5.4　逐步迴歸分析結果

模式	選入的變數	R	R^2	調整後的 R^2	F 值	顯著性
1	氯化氫濃度（X_4）	0.459	0.211	0.200	19.804	0.000
2	氯化氫濃度（X_4）、活性炭噴入頻率（X_2）	0.566	0.321	0.301	17.168	0.000
3	氯化氫濃度（X_4）、活性炭噴入頻率（X_2）、旋轉窯出口溫度（X_{18}）	0.632	0.399	0.374	15.923	0.000

第二節　系統的時序性分析

　　眞實的環境是一個隨時間變動的動態系統，進行環境評估時必須先依據評估問題的系統尺度與動態性，來決定是以動態或靜態系統的方式處理這一個評估問題。一般而言，若系統的時變性不大時（例如：地球演化過程中的一年；或是處於穩定的生態系統）可將眞實環境視爲一個靜態系統處理，否則都應該以動態系統的方式處理之。以環境衝擊評估爲例，進行衝擊量分析前必須先了解開發前的環境背景，通常我們會以環境監測所獲得的資料作爲開發區位的背景資料，並以這些背景資料爲基礎進行衝擊量評估。但是，對於一個動態環境系統而言，環境背景品質通常不是固定不變的，而是一個隨時間變動的數值，爲了了解系統行爲的變動趨勢，通常需要長時間的觀測數據。

　　以圖 5.3 爲例，在缺乏長期數據的情況下，我們常常會以短期的觀測資料作爲環境的背景基線（如圖 5.3 直線 A），而這是一種把評估對象當成是靜態系統的處理方式。事實上，眞實的環境系統會因爲系統內部特性

（例如：物件組成、物件之間的關聯）或是系統外的邊界條件（例如：境
外移入的汙染物量）的變動而改變，若變動的趨勢明顯則應以動態曲線
（如圖 5.3 中的曲線 C）的方式表示系統的品質變化。品質基線的決定會
影響衝擊評估的結果，例如在完成一個開發方案的衝擊量評估後，會有兩
種不同的環境品質預測結果（如圖 5.3 中的曲線 B 與曲線 D）。可以發現，
若將評估對象視為靜態系統，開發行為所造成的品質惡化仍在環境品質的
容許範圍內，但若視為動態系統，則開發行為已導致環境品質低於容許的
品質標準，若是以環境品質標準作為判定開發方案是否可以開發的唯一標
準，則會得到兩個完全不同的評估結果。

　　時間序列分析是時序性分析中最常見的一種方法，它利用歷史資料進
行引伸外推並預測系統發展過程、方向和趨勢的方法。時間序列分析的目
的在於觀察與分析過去資料，從中尋找系統隨時間變化的規律，並以此規
律來預測系統將來的情況。常見的時間序列方法如圖 5.4 所示，其他如迴
歸分析、類神經網路、計量經濟等不同方法也常被用於時序分析之中。但

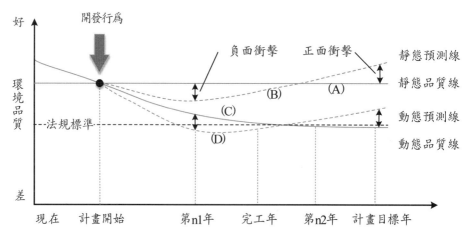

圖 5.3　環境品質基線與衝擊評估

無論是哪一種時間序列分析方法，都必須考慮時間序列所隱含的四個重要
特徵：

1. **長期趨勢**（Trend）：長期的時間序列資料，呈現上升或下降的趨
   勢，這趨勢可以用一條平滑的曲線來表示，該曲線稱爲時序資料
   的長期趨勢線。例如：人口數量、銷售量等。

2. **循環變動**（Cyclical fluctuation）：指一年以上的時序資料，該資料
   環繞著趨勢線上下波動的情形。例如：經濟景氣循環。

3. **季節變動**（Seasonal fluctuation）：指一年內的時間序列資料依週、
   月或季呈現規則性，且連續重複的變動。例如：每月的平均雨
   量、平均溫度的變化。

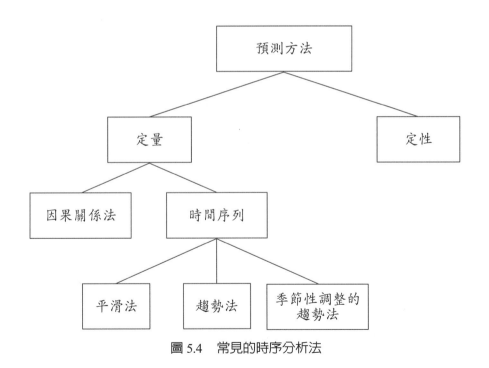

圖 5.4　常見的時序分析法

4. **不規則變動**（Irregular fluctuation）：指數列資料隨機的變動，即不可預測的變動，不規則變動是去除長期趨勢、循環變動及季節變動三種成分以外的變動。

一、平滑法

在沒有明顯的趨勢、週期性或季節影響的情形下，時間序列處於相當穩定的狀態，使用平滑法可以將時間序列的不規則成分予以平滑。一般平滑法分為下列四種：

1. **移動平均法**（Moving averages）：在時間序列上，最近 n 個資料的平均值為下一個期間的預測值，可作為短期預測。移動平均的計算式如下：

$$移動平均 = \frac{\Sigma（最近\ n\ 個資料）}{n} \tag{5.3}$$

案例 5.3 及解答 5.3

表 5.5 為某一個空氣品質監測站 PM_{10} 的月平均濃度資料，若利用移動平均法進行濃度預測。則可先選定移動平均的期間數量，若以三個月計算移動平均，第一個三個月的移動平均如下：

$$移動平均（1 至 3 月） = \frac{40 + 37 + 27}{3} = 34.7$$

若依次計算，則可分別求得不同月份的預測值，見表 5.5 及圖 5.5。

月份	1	2	3	4	5	6	7	8	9	10	11	12	13
濃度	40	37	27	29	26	24	28	24	29	31	21	27	-
預測值	-	-	-	34.7	31.0	27.3	26.3	26.0	25.3	27.0	28.0	27.0	26.3

表 5.5　三週移動平均計算　　　　　單位：$\mu g/m^3$

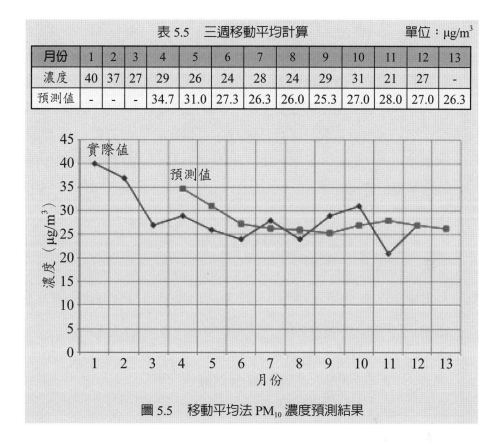

圖 5.5　移動平均法 PM_{10} 濃度預測結果

2. **加權移動平均**（Weighted moving averages）：計算最近 n 期的平均值，愈近的觀察值給予較大權數，愈遠的觀察值權數較小，權數和為 1。與移動平均法相比，其能反映較近期的事情，但由於權重選擇並不容易，通常需使用誤差法來找出適當的權重

$$F_t = w_t(Y_t) + w_{t-1}(Y_{t-1}) + \cdots + w_{t-n}(Y_{t-n}) \qquad (5.4)$$

其中：

　　F_t：時間序列在 t 期間的預測值

w_t：時間序列 t 期間的權重

Y_t：時間序列在 t 期間的實際值

3. **指數平滑法（Exponential smoothing）**：任何期間的預測值是所有過去時間序列實際值的加權平均。優點是只要有上期實際數和上期預測值，也就是說分析者只要知道 Y_t 以及 F_t 即可預測 t + 1 期的數值，方法簡便，是國外廣泛使用的一種短期預測方法。基本指數平滑法模式如下：

$$F_{t+1} = Y_t + (1 - \alpha)F_t \qquad (5.5)$$

其中：

$F_{(t+1)}$：時間序列在 t + 1 期間的預測值

Y_t：時間序列在 t 期間的實際值

F_t：時間序列在 t 期間的預測值

α：平滑常數（$0 \leq \alpha \leq 1$）

案例 5.4

台中市沙鹿測站 2015 年 PM_{10} 所測得的月平均濃度資料如表 5.6，試以指數平滑法預測當平滑常數 α 為 0.3 及 0.7 時，2016 年 1 月 PM_{10} 之預測值為？

表 5.6　實際濃度值　　　　　　　　　　單位：$\mu g/m^3$

月份	1	2	3	4	5	6	7	8	9	10	11	12
濃度	65	64	55	51	42	31	42	38	48	59	61	52

解答 5.4

假設當平滑常數 α 爲 0.3 及 0.7 時，1 月預測值與實際值相同，公式可整理爲 $F_{t+1} = F_t + \alpha(Y_t - F_t)$，當平滑常數 α 爲 0.3 時：2 月預測值 = 65 + 0.3(65 − 65) = 65；當平滑常數 α 爲 0.7 時：2 月預測值 = 65 + 0.7(65 − 65) = 65，以次類推可算出 2016 年 1 月之 PM_{10} 濃度平滑常數 α 爲 0.3 及 0.7 分別爲 52、54（$\mu g/m^3$），見表 5.7 及圖 5.6。

表 5.7　實際濃度及預測值　　　　　　　　單位：$\mu g/m^3$

月	實際濃度（$\mu g/m^3$）	α = 0.3 預測值	α = 0.7 預測值
1	65	65	65
2	64	65	65
3	55	65	64
4	51	62	58
5	42	59	53
6	31	54	45
7	42	47	35
8	38	45	40
9	48	43	39
10	59	45	45
11	61	49	55
12	52	53	59
1	—	52	54

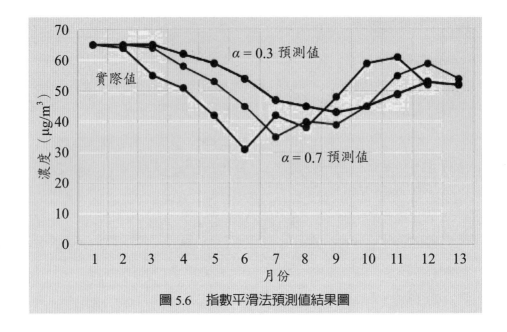

圖 5.6　指數平滑法預測值結果圖

二、季節性調整的趨勢法

　　季節性調整的趨勢法又可稱為季節性變動，是指時間數列所有週期變動中最主要的一種，通常都是以一年（12 個月或 4 季）為週期，加上其波動的型態較固定，具有規律性，所以比較容易分析。測定季節性變動的目的有以下三點：

1. 藉由分析過去的季節變動型態，來建立季節模型（季節指標）。
2. 將時間數列去除季節性變動的影響後，較能顯示出真正的循環週期。
3. 了解季節性變動對時間數列的影響，以利進行短期預測並訂定計畫。

　　季節變動的衡量指標主要有：反映季節變動規律的季節變動衡量指標有季節指數、季節比重和季節變差等，可使用水平趨勢與斜坡趨勢說明此

季節性調整的趨勢法。季節指數的計算公式為：

$$季節指數（\%）=\left(\frac{歷年同季平均數}{趨勢值}\right)\times100\%\qquad（5.6）$$

直接平均季節指數法操作步驟：

1. 收集歷年（通常至少有三年）各月或各季的統計資料（觀察值）。
2. 求出各年同月或同季觀察值的平均數（用 A 表示）。
3. 求出歷年間所有月份或季度的平均值（用 B 表示）。
4. 計算各月或各季度的季節指數，即 S＝A/B。
5. 根據未來年度的全年趨勢預測值，求出各月或各季度的平均趨勢預測值，然後乘以相應季節指數，即得出未來年度內各月和各季度包含季節變動的預測值。

三、趨勢分析法──迴歸分析

假設資料呈現趨勢的狀態，建立一個方程式來適當地描述趨勢，趨勢圖形分為非線性趨勢圖形與線性趨勢圖形，非線性趨勢圖形包含拋物線趨勢、指數趨勢、成長趨勢等。線性趨勢方程式如下：

$$F_t = a + bt\qquad（5.7）$$

其中：

　　　F_t：時間序列在 t 期間的預測值

　　　a：為 t＝0 時的 F_t 值

　　　b：斜率，t：從 t＝0 之後欲推測的期數

依變數 F_t 作為被預測者的變數；自變數 t 作為提供預測的變數，由這線性關係可知道，每增加一單位的 t 即可產生 b 單位 F_t 的增加。統計顯著

性檢定再判定分析結果上非常重要，主要的判定內容可分成迴歸方程式的配適度檢定與迴歸係數的顯著性檢定等。迴歸方程式配適度的目的是檢視模型中自變數與依變數的線性關係是否顯著，若不顯著表示無法以線性關係來表示自變數與依變數之間的關係，配適度的檢定可以利用變異數分析來進行，在迴歸變異數分析中，F 檢定統計量可檢定下面兩個假設：

$$H_0：迴歸方程式無解釋能力（b = 0）$$
$$H_1：迴歸方程式有解釋能力（b \neq 0）$$

採右尾檢定，決策法則為：

$F > F_{1,n-2,}\alpha$ 時，則拒絕 H_0。其中，α 為信心水準。
$F \leq F_{1,n-2,}\alpha$ 時，則接受 H_0。

在樣本數固定的條件下，F 值決定於 R^2 的大小，R^2 愈大則 F 值愈大，易落入拒絕域而接受 H_1 的假設，顯示迴歸方程式有解釋能力；反之，R^2 愈小則 F 值愈小，容易接受 H_0 的假設，顯示迴歸方程式無解釋能力。在簡單迴歸分析中，由於迴歸模型中只有一個自變數，因此 F 檢定的目的是在檢定自變數（t）對依變數（F_t）是否有解釋能力或影響力。在確認線性方程式可以用來解釋自變數與依變數之間的關係後，必須進一步利用虛無假設進行係數的顯著性推論。參數 a、b 的虛無假設〔如方程式（5.7）所示〕是用來檢定截距項（a）與斜率（b）是否等於 0，若無明顯的證據說明參數值不為 0，則統計上會認定這些參數值與 0 無異。也就是說，如果方程式已經通過 F 檢定，但參數 a、b 接受 H_0 假設，那就表示，雖然

自變數（t）可以用來解釋依變數（F_t）的增量或減量變化，但是自變數（t）對依變數（F_t）的貢獻量幾乎可以忽略不記：

1. 截距項的虛無假設

   $H_0：a = 0$　　　$H_0：b = 0$

   $H_1：a \neq 0$　　　$H_1：b \neq 0$

2. 斜率項的虛無假設

   $H_0：b = 0$（t 對 F_t 無直線性影響）

   $H_1：b \neq 0$（t 對 F_t 有直線性影響）

案例 5.5 及解答 5.5

　　我們想以沙鹿空氣品質監測站於 2006 年 1 月 1 日至 2015 年 9 月 30 日之間的數值，來說明沙鹿測站周界的 PM_{10} 濃度變化。若採用迴歸分析方法進行趨勢分析（結果如圖 5.7 所示），結果顯示 F 檢定值 = 7.46，落入於拒絕域，接受 H_1 假設，表示此回歸方程式具有解釋意義，且為線性。迴歸係數斜率的 P 值 = 0.00729 與截距項的 P 值 = 4.25×10^{-40}，均小於 0.05，具有顯著性，落入於拒絕域，接受 H_1 假設，表示虛無假設的 $a \neq 0$、$b \neq 0$，此分析結果具有統計上的意義，且有 95% 的信心水準 $a \neq 0$、$b \neq 0$，於是分析的結論是 PM_{10} 濃度隨著時間的變化，以每月平均 0.1032 下降。因此，PM_{10} 濃度變化有逐年下降的趨勢，表示空氣品質逐漸改善。

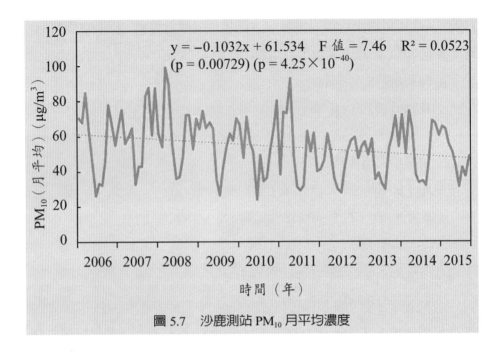

圖 5.7　沙鹿測站 PM$_{10}$ 月平均濃度

第三節　環境系統的空間特性分析

　　進行環境評估時，管理者除了關心系統行為的動態變動、事件介入系統後系統行為的改變外，也需要關心衝擊量的空間分布以及最大衝擊量的位置（Hot spot），才能進一步依據該區位的環境特徵擬定有效的減輕或替代方案。以下針對幾個常見的空間分析方進行說明比較。

一、空間內插分析

　　空間插值常用於將空間中離散的數據點轉換為連續的數據曲面，以便了解參數在平面或立體空間的現象分布，它包括了空間內插和外推兩種演算方法。其中，空間內插算法是指通過已知點的數據推求同一區域未知點

數據；空間外推算法是通過已知區域的數據，推求其它區域的未知數據。地理統計（Geostatistics）中的空間內插法可以利用資料內在的空間相依特質進行未知點位的數值推估，常見的空間內插方法有：距離反比權重法（Inverse distance weighting）、克利金法（Kriging）、自然臨界法（Nature neighbor）、樣條函數法（Spline）及趨勢面法（Trend）等幾種，其優缺點如表 5.8 所示。

1. 距離反比權重法

如牛頓的引力模型，它假設每一個點位都有一定的影響範圍，影響力隨著距離的增加逐漸遞減。換句話說，當未知點與已知點的距離愈近時與未知者的數值得受這個已知點的影響就愈大，反之則愈小。若空間中有 n 個已知點，而未知點與其他已知點的距離為 h_i，則其未知點數值可利用方程式（5.8）推估之。

表 5.8　各種空間內插法比較

	克利金	距離反比權重法	樣條函數法	趨勢面法
理論	利用半變異函數求得該變數的空間相依結構	利用距離反比進行推論其未採樣點的濃度值	函數近似法	適用於以空間的視點詮釋趨勢和殘差
優點	1. 可根據樣本找出合適的模型 2. 常用於小範圍	不需要根據資料的特點對方法加以調整，適用於整體的樣本點的密度較大且分布比較均勻的資料	不需要對空間方差的結構做預先估計；不需要做統計假設	可區分區域及局部尺度
缺點	需檢查空間的連續性	1. 需要大量樣本，其精確度才能提高 2. 外推能力弱	難以對誤差進行估計，樣本點太少時效果不好	只能適用於小區域且有限的數值

$$\overline{P} = \sum_{i}^{n} w_i P_i \qquad (5.8)$$

$$w_i = \frac{h_i^{-\alpha}}{\sum_{i=1}^{n} h_i^{-\alpha}} \qquad (5.9)$$

$$h_i = \sqrt{(x - x_i)^2 + (y - y_i)^2} \qquad (5.10)$$

其中：

$\overline{P}$：未知點之濃度值

P_i：已知點之濃度值

n：實際濃度之監測站數

w_i：未知點至已知點的距離權重

h_i：未知點與已知點之距離

α：任意實數之加權指數

2. 克利金法

是一種基於變數理論（Theory of regionalized variable）所發展出來的空間內插法，它利用半變異函數求得該變數在研究區域內的空間相依結構，並在滿足最佳線性無偏估計的條件下利用方程式（5.11）推估未知點位的數值。

$$Z(x_0) = \sum_{i=1}^{N} \lambda_i Z(x_i) \qquad (5.11)$$

其中：

$Z(x_i)$ = 第 i 個位置處的測量值

λ_i = 第 i 個位置處的測量值得未知權重

x_0 = 預測位置

N = 測量值數

案例 5.6 農地重金屬之空間分布

　　設立於農村中的某工廠，發生汙染洩漏事件，管理者為了解工廠周界的農地汙染狀況，於該工廠周界設立了 63 個採樣點。若管理者欲利用現有的 63 個採樣點推估該工廠周界的重金屬濃度分布，則可藉由克利金法推估空間濃度。圖 5.8 為克利金法的推估成果，管理者除了可以了解重金屬濃度的空間分布外，也可以比對該工廠的排放特性，分析造成汙染的原因。

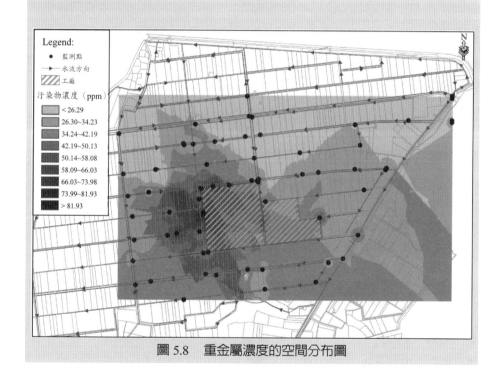

圖 5.8　重金屬濃度的空間分布圖

二、環域分析（Buffer analysis）

　　空間內插的目的是希望透過少數的環境監測數據來推估未監測點位的數值，在視覺化工具的協助下，分析者可以清楚了解某一個環境變數

在空間上的型態（Spatial pattern）以及汙染熱區，並依據分析的結果了解環境現況與問題，做出合適的決策判斷。若決策者擁有一個以上的環境變數，並已求得這些變數的空間型態，則決策者可以進行空間資料的交叉分析（Cross analysis），用以獲得更深入的決策資訊。環域分析（Buffer analysis）與套疊分析（Overlay analysis）即是最具代表性的空間交叉分析。其中，環域分析常被用來識別某一個點、線或面的空間物件在空間上的影響程度與範圍（如圖 5.9 所示），例如：公共設施的服務半徑、鐵路噪音的影響範圍、劃定國家公園之保育範圍、工廠的汙染範圍或水庫的保護帶範圍等。分析者可以將環域分析所建立的帶狀區域與不同性質的資料進行疊圖分析，在結合不同的特徵資料後，進行重要區位區（如汙染熱區或適合開發區位）的篩選。

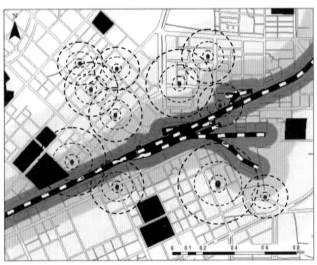

圖 5.9　套疊分析示意圖

三、套疊分析與多準則評判

　　套疊分析（Overlay analysis）結合兩個或多個環境變數資料，透過比對或疊合的方式產生新環境變數的一種程序，它可以讓決策者利用圖層疊合產生新的空間資訊（如圖 5.10 所示），來判斷不同環境變數交叉分析後的結果，並利用這個結果找出空間物件的特性與關連。以圖 5.11 為例，如果把都市計畫的土地使用規劃與綠地植披生長的狀況進行套疊分析，則我們便可以發覺土地使用類別對植生分布的影響，並進而擬定分類、分區

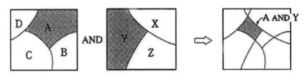

圖 5.10　套疊分析示意圖

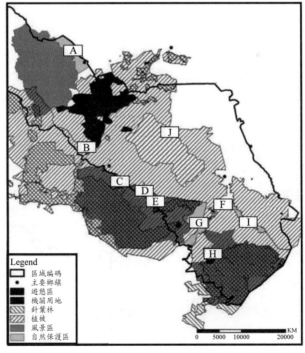

圖 5.11　植生分布與都市計畫套疊分析成果

的植生密度改善策略。基本上，這一種類型的套疊分析是一種多變量的分類分析方法，它可以利用簡單的邏輯運算子（例如：交集、聯集）或知識推論的方式進行多種圖層的套疊，除可以節省大量的分析時間外，也可獲得最客觀、精確的空間訊息。由空間內插或其他空間資訊技術所獲得的單一圖層，只能夠顯示單一的環境參數，除了利用上述的方式套疊圖層產生更精細的分類資訊外，也可以利用圖層的屬性資料進行進階的數值運算或是多準則決策分析（Multi-criteria decisionmaking, MCDM）。

案例 5.7：垃圾車運送之噪音與震動衝擊分析

　　在焚化爐營運期間，垃圾運送所造成的交通噪音問題受到關注，假設交通噪音的環境衝擊量與噪音產生量以及運送路線上的人口密度有關，則垃圾運送過程交通噪音所產生的環境衝擊量，可以圖 5.12 所示的套疊分析進行估算。其中，圖 5.12(a) 表示評估範圍內的人口分布，圖 5.12(b) 表示噪音產生量。若利用加法運算，將圖 5.12(a) 與圖 5.12(b) 進行套疊分析，則交通噪音的環境衝擊量可以圖 5.12(c) 所示，圖 5.12(d) 表示實際案例的套疊結果，顏色愈深表示環境衝擊量愈大（Chang，2009）。利用不同屬性的空間資料進行套疊分析，產生了另一個新的圖層，也使管理獲得了有用的決策資訊。

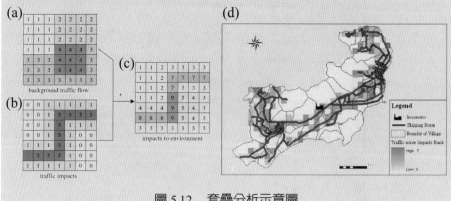

圖 5.12　套疊分析示意圖

四、空間統計與空間聚類分析

　　空間統計（Spatial statistics）是分析空間資料的統計方法，它利用空間的距離來表示資料的相似程度並建立資料間的統計關係，其應用的範圍包羅萬象，包括地質、大氣、水文、生態、天文、遙測、地震、環境監測、流行病以及影像處理等。空間資料可以利用視覺化方式呈現資料的空間型態（Spatial pattern）也可以利用空間統計（Spatial statistics）、空間分布處理模式（Spatially distributed process models）等方法來探索資料的空間特性，這樣的技術對於了解空間聚集性以及解釋空間變數是十分關鍵的工具。空間自相關（空間依賴性）和空間異質性是空間統計中常見的兩個空間特性，所謂空間自相關性（Autocorrelation）是指「自己」與「鄰近地區」的相關性，相關性高，代表兩者數值近似，亦即所謂的「空間聚集」。空間異質性（Spatial heterogeneity）則是指某種環境特徵會隨著空間位置不同而產生變化的一種特性。

　　空間自相關性分析可分為全域型及區域型兩種空間統計模式，在區域型的空間自相關性分析中，因為 Gi^* 能有效處理屬性差距較小的資料（如：空間距離），因此常被用來處理區域型空間自相關性的問題，以揭露空間點位是否具有明顯集中或隨機分散的狀況。Gi^* 值的計算如方程式（5.12）所示，主要的目的是查看空間中某一個點位在特定距離內的總屬性值（如距離、人口數、疾病數等）。計算時，將空間切分成 N 個空間網格，隨機從這 N 個空間網格中選擇一個為中心，以半徑 D 化圓，並計算在這範圍內的總屬性值。分析 Gi^* 的機率分布狀況便可了解空間聚落的分布狀況，如圖 5.13(B) 所示，聚落的分布可以區分成低群集（Cold spot）、隨機以及高群集（Hot spot）三種聚落型態，此結果可用以判定是否有汙染或疾病群聚的狀況。

$$G_i^*(d) = \frac{\sum\limits_{j=1}^{n} w_{ij}(d)x_j}{\sum\limits_{j=1}^{n} x_j}, \quad j = i$$

（5.12）

其中：

W$_{ij}$(d)：1,0 變數的 n×n 對稱矩陣，其含義為當 W$_{ij}$(d) = 1 時，代
表網格 j 剛好在網格 i 半徑 d 範圍內；當 W$_{ij}$(d) = 0 時，則
網格 j 不在網格 i 半徑 d 範圍內

x$_j$：屬性 X 在網格 j 的值

n：網格數

(A)　　　　　　　　　　　　　　(B)

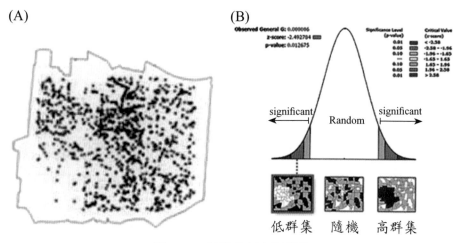

圖 5.13　熱點分析之示意圖

（參考資料：參考自 GEASIG 網站，網址：http://www.geasig.net/?_escaped_fragment_=
An%C3%A1lisis-de-patrones-espaciales -con-ArcGIS/cssc/55798d920cf2df2eae427531）

案例 5.8：產業群聚分析

　　城市是企業比較集中的地區。同一產業或性質相近的企業，為了強化協作分工、擴大生產規模來提高企業的勞動生產率以及降低生產費用和成本，會產生產業的群聚效應。為了瞭解台中市基本金屬製造業的群聚效應，利用 Gi^* 統計量進行產業的群聚分析，結果如圖 5.14 所示。可以發現基本金屬製造業在台中市有六大聚落，分別為大甲聚落、豐原、潭子及神岡為一聚落、西屯聚落、太平、大里及烏日為一聚落，大肚聚落，梧棲及龍井為一聚落。同樣的技巧可以應用在汙染物、流行病與陳情案件的群聚分析上，一旦群聚分析具有空間的統計意義則適當的管理策略便可以展開。

圖 5.14　熱點分析之示意圖

案例 5.9：空間聚類與地下水品質分析

　　環境品質的空間特性分析也是非常重要的環境管理議題，藉由空間異質性分析，管理者可以掌握不同空間位置的環境特性，並據此擬訂合適的管理政策。以台中市沿海地區的地下水水質分析為例，若沿海地區共有 40 口地下水井，管理者針對這 40 口地下水井進行地下水水質監測，監測項目涵蓋總有機碳、Cl^-、pH、DO、As^{3+}、As^{5+}、濁度、導電度、腐植質、三鹵甲烷和鹵乙酸等 11 個水質項目，為了了解地下水的空間異質性，管理者利用階層式分群法（Hierarchical clustering）進行群集分析，結果發現這 40 口水井可以區分成四大類如圖 5.15(a) 所示，利用反距離權重法進行空間內差並以地理資訊系統進行視覺化展示（如圖 5.15(b) 所示）。若近一步分析這四大類的地下水水質特性可以發現，類別 S2 屬於鹽化嚴重的區域、類別 P1 有較高濃度的有機性汙染、類別 P2 屬無機性汙染的類型、類別 P3 則是屬於地下水相對乾淨的區域。有了這樣的空間異質性資訊，管理者便可以根據這四大類的地下水水質特性擬訂不同的地下水管制策略。

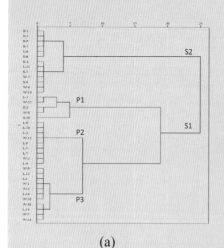

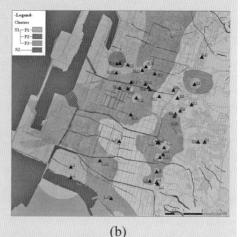

(a)　　　　　　　　　　　　　　(b)

圖 5.15　熱點分析之示意圖（陳鶴文等，2012）

📖 問題與討論

1. 設置完整的環境品質監測站網，是有效的「環境管理」或「環境規劃與管理」所不可或缺的作為，是確保環境保護目的與目標達成的必要作為，為什麼？請根據環境規劃與管理的程序詳細說明其理由。（97 年環保行政、環保技術地方特考，環境規劃與管理概要，25 分）

2. 欲估計某受體對某汙染物質的暴露量，試說明有哪幾種方法？並分析各方法的優缺點。（99 年環保技術高考三級，環境規劃與管理，25 分）

3. （一）試以數學形式表示數學規劃（又稱優選模式）的結構，並配合以文字說明重要的部分。（二）試以空氣品質管理為例，說明如何建構數學規劃模式以規劃管理策略，解釋所需要的工作內容。如有需要，請就所考慮項目自行設定參數與符號。（101 年環保行政、環境工程高考三級，環境規劃與管理，25 分）

4. （一）「應用大數據優化政府施政」為當前行政院「網路溝通與深化施政」的三支箭之「前瞻施政」主軸，為期望將政府巨量資料或開放資料（Open Government Data）進行深度分析，發掘其應用潛能，並產出有助於提升政府施政效率、效能的研究成果。（二）試說明如何規劃一套進行大數據（Big Data）或資料探勘（Data Mining）分析之標準作業程序（SOP）（例如：「跨產業資料探勘過程標準（Cross IndustryStandard Process for Data Mining, CRISP-DM）」）。（10 分）Data Mining 可從資料中發掘或焠煉出有用但隱藏的知識、規則或行為模式，進一步作為決策支援之用。而 Data Mining 演算技術或模型，一般可區分為「監督式（Supervised）」學習及「非監督式（Unsupervised）」學習兩種形式，試論述兩者間之使用時機？並分別列舉三種常用之演算技術或模型。（104 年環保行政、環境工程高考三級，環境規劃與管理，25 分）

附件一　主成分分析案例

Site	pH值	水位(m)	導電度(μmho/cm)	氧化還原電位(mV)	溶氧量(mg/L)	總硬度(mmol/L)	鎘(mg/L)	鉛(mg/L)	鋅(mg/L)	鉻(mg/L)	鐵(mg/L)	錳(mg/L)	砷(mg/L)	總有機碳(mg/L)	氯鹽(mg/L)	總溶解固體(mg/L)	硝酸鹽氮(mg/L)	硫酸鹽(mg/L)	氨氮(mg/L)	總酚(mg/L)
1	6.888	5.97	1430	16	1.8	398	0	0	0	0.0004	0.4	0.73	0.0036	2.1	64.7	780	0.21	197	8.44	0.0018
2	6.784	5.68	1250	260	1.85	656	0	0	0	0	0	0.11	0	2	6.4	795	3.04	154	2.81	0
3	6.955	5.948	1140	219	2.755	510	0	0.025	0	0	0	0.025	0	0.55	34.3	705	2.445	145	3.155	0
4	6.852	2.67	1130	242	3.4	547	0	0	0	0.0004	0.07	0.27	0	1.9	21	950	2.68	272	0.1	0.0018
5	6.763	3.52	827	154	1.85	392	0	0	0	0.002	0	0.41	0.0002	0.8	10.7	685	0.03	203	0.28	0
6	7.0595	2.466	776	169	2.96	404	0	0.015	0	0	0.05	0.045	0.0042	1.4	11.65	541	0.185	148.5	0.235	0
7	7.254	3.35	716	167	2.05	348	0	0	0	0.001	0	0.17	0.0025	5	22.2	620	0.09	130	0.15	0.0023
8	7.184	2.6987	747.6667	62	2.69	327	0	0	0	0	0.0467	0.3867	0.0062	0.9	18.4	529.6667	0.0533	98.1667	0.29	0
9	7.023	3.85	877	43	1.86	229	0	0	0	0.0012	0.09	0.01	0.0005	4.1	16.6	430	1.65	72.5	0.25	0.0041
10	6.809	2.826	1049	138	3.26	494	0	0	0.01	0	0.015	0.005	0.0042	0.6	16.55	606	0.075	47	0.11	0
11	6.963	3.42	854	57	1.77	302	0	0	0	0.0012	0.07	0.07	0.0009	3	11.7	490	0.47	59.6	0.11	0.0016
12	6.892	2.833	873.5	150	3.555	243.05	0	0.015	0	0	0.04	0.02	0.0257	0.7	15.95	535	1.095	62.9	0.065	0
13	7.668	4.05	719	143	4.25	432	0	0	0.2	0	0.19	0.16	0.0385	1	12.7	485	0.08	168	3.45	0
14	7.283	4.3925	711	150.5	2.095	180.35	0	0	0.03	0	0.415	0.09	0.0251	0.75	13.05	446.5	0.06	149	2.825	0
15	6.916	3.47	1260	84	3.21	783	0	0	0	0	1.57	0.12	0.0269	3.3	43.6	870	0.04	160	0.2	0
16	6.6615	3.772	1270	58	2.57	496.5	0	0.015	0	0	2.19	0.16	0.011	4.2	30.55	830	0	160	0.135	0
17	7.016	2.67	1100	120	2.86	582	0	0.05	0	0	0.75	0.2	0.0066	0	34	895	0.07	197	1.86	0.002
18	6.941	2.427	1220	67.5	3.095	436.5	0	0	0.015	0	0.335	0.03	0.009	0.75	63.05	727.5	0.015	116	0.48	0
19	6.999	3.97	1160	90	2.48	538	0	0.04	0	0	3.55	0.48	0.0117	10.5	49.3	800	0.01	135	0.48	0
20	7.0215	3.0925	1025	118.5	2.695	503.5	0	0.02	0.025	0	3.75	0.63	0.013	1.45	33.2	507.5	0	30.8	0.17	0
21	7.067	3.97	978	185	3.11	512	0	0.05	0	0	1.5	1.38	0.0022	1.8	31.9	745	0.07	166	0.09	0.0029
22	7.002	3.047	1080	102	3.335	540	0	0	0.025	0.0135	0.165	0.745	0.0547	0.5	34.35	678.5	0.055	236	0.09	0
23	7.05	4.45	1845	103	1.15	627.5	0	0.004	0.0155	0	0.336	0.1515	0.023	8.25	73.4	1075	0.27	238.5	46.45	0.0227
24	6.9	3.78	1850	117	1.2	529	0	0	0.022	0.005	0.254	0.163	0.037	7.3	58.9	938	2.16	205	46.4	0.014
25	6.8	3.86	1880	76	0	665	0	0	0.052	0	1.42	0.233	0.0363	17.4	90.9	1080	0.47	209	63.3	0.0168
26	6.8	4.248	2210	138	2.69	704	0	0	0	0.006	0.471	0.249	0.0069	21.1	94.2	2130	0.26	147	96.6	0.0395
27	7.05	4.59	6135	87.5	1.25	1780	0	0	0.017	0.003	3.155	0.7045	0.019	5.35	1600	33810	0.39	441	25.2	0.0175
28	6.6	4.11	5090	80.1	1.7	1190	0	0.003	0.03	0	6.1	0.672	0.019	9.1	810	3280	0.55	505	34.4	0.02

附件一　主成分分析案例（續）

Site	pH值	水位 (m)	導電度 (μmho/cm)	氧化還原電位 (mV)	溶氧量 (mg/L)	總硬度 (mmol/L)	鎘 (mg/L)	鉛 (mg/L)	鉻 (mg/L)	銅 (mg/L)	錳 (mg/L)	砷 (mg/L)	總有機碳 (mg/L)	氯鹽 (mg/L)	總溶解固體 (mg/L)	硝酸鹽氮 (mg/L)	硫酸鹽 (mg/L)	氨氮 (mg/L)	總酚 (mg/L)
29	6.7	4.23	872	14	0	1180	0	0	0	4.28	0.778	0.0058	6.5	180	1940	0.03	840	9.54	0.0043
30	6.6	4.588	2170	78	0.96	1300	0	0	0	3.23	0.399	0.0032	1.6	123	1980	0	712	2.64	0.0024
31	6.8	4.53	1990	79	1.55	539	0.0035	0.016	0.0015	1.414	0.295	0.0175	8.75	96.55	941	0.155	83.45	71.2	0.0327
32	6.9	4.6	1280	119	0.7	512	0	0.009	0	0.985	0.197	0.03	6.3	62.3	808	0.28	154	23.4	0.004
33	6.4	3.282	1740	77	0	1280	0	0.14	0	1.4	0.63	0.0209	1.6	65.9	1430	7.82	333	0.93	0.0007
34	6.7	3.321	2690	102	0.56	824	0	0	0	0.034	1.2	0	6.5	63.3	1110	2.43	411	0.47	0
35	7.1	4.655	1900	147	1.65	756.5	0.002	0.009	0.0075	0.392	0.223	0.1078	6.6	69.65	1095	0.125	390	38.55	0.022
36	7.1	4.83	1270	160	1.6	465	0.022	0	0	0.313	0.098	0.019	7.2	44.4	799	0.37	187	22.6	0.005
37	6.5	3.521	1720	64	0	671	0	0.01	0	7.23	0.833	0.0735	9.5	75.9	1100	0.44	241	38.5	0
38	6.9	3.55	2690	102	0.56	910	0	0	0	0.541	0.525	0.0121	5.3	157	1830	0	579	121	0.0041
39	7	5.075	1425	127	1.45	533	0.003	0.011	0.015	0.1835	0.5405	0.002	5.3	57.85	848	0.525	208.5	34.7	0.0146
40	7	5.08	1590	37.4	1.2	495	0.004	0.016	0	0.211	0.437	0.002	4.2	53	936	3.2	298	23.7	0.004
41	6.2	3.706	1860	98	0	1010	0	0	0	0.2	0.614	0.0066	8	58.9	1540	7.71	441	24.6	0.007
42	6.5	4.092	1511	11	0.74	764	0	0	0	0	0.978	0	4.1	39.1	1150	0	300	12.2	0
43	7.6	4.32	960	141	0.9	249	0	0.017	0.014	0.4015	0.6065	0.0007	0.6	12	760	4.56	190.5	0.06	0.0116
44	6.9	3.63	848	44.1	1.4	475	0.002	0.026	0	0.475	1.193	0.002	0	13.9	847	1.99	183	0.09	0.004
45	6.5	5.569	849	146	0	460	0	0	0	0.169	0.353	0.0007	4.6	10	700	1.17	159	0.03	0
46	6.7	3.893	825	62	1.02	456	0	0	0	0	0.382	0	0.6	7.1	671	2.2	165	0	0
47	7.15	5.715	1203	153	1.45	1010	0.0045	0.0175	0.0045	0.1915	3.6	0.0016	1.15	47.3	1700	8.395	600	0.07	0.0209
48	6.5	6.05	1520	127	1.8	1020	0.005	0.015	0	1.668	3.827	0.009	1.3	48.4	1590	6.49	626	0.06	0.004
49	6.8	4.793	1760	14	0	1100	0	0.083	0	0.303	3.43	0.0023	4.4	53.9	1620	8.9	169	0.05	0
50	6.6	4.105	1506	27	0.7	884	0	0	0	0	2.32	0	0.8	44	1480	6.46	538	0	0
51	6.9	0	3550	0	0.335	297.5	0.085	0.0355	0.0635	0.358	0.106	0.0071	61.5	96.5	985	0	70.5	86	0.1165
52	7	3.632	4460	161	0	636	0.1	0.014	0.109	2.97	0.329	0.0686	99.2	138	1940	0.01	0	270	0.0607
53	6.9	3.862	4210	216	0.42	632	0.046	0	0.063	0.672	0.295	0	3.4	109	1910	0	0	296	0.0259
54	7.45	0	10210	0	0.03	143	0.0585	0.317	0.4705	1.385	0.013	0.0024	6.05	224	4200	0.325	81	138	0.0036
55	7.2	3.452	5010	247	0	581	0.018	0.02	0.192	0.512	0.315	0	185	85	2070	0.01	0	402	0.388
56	7.1	3.7175	5480	225.5	0.39	559	0.039	0.0545	0.213	0.4715	0.345	0	323	155.5	3875	0	0	720	0.3775

附件一　主成分分析案例（續）

Site	pH值	水位 (m)	導電度 (μmho/cm)	氧化還原電位 (mV)	溶氧量 (mg/L)	總硬度 (mmol/L)	鎳 (mg/L)	評 (mg/L)	鉻 (mg/L)	鐵 (mg/L)	錳 (mg/L)	砷 (mg/L)	總有機碳 (mg/L)	氯量 (mg/L)	總溶解固體 (mg/L)	硝酸鹽氮 (mg/L)	硫酸鹽 (mg/L)	氨氮 (mg/L)	總酚 (mg/L)
57	7.4	0	7220	0	0.15	130	0.021	0.147	0.1225	1.43	0.04	0	0	41.05	1165	0.16	34.55	123.5	0.0024
58	7.1	2.825	6130	199	0	359	0.034	0.037	0.341	1.52	0.437	0.0035	186	95	2360	0.02	0	519	0.0481
59	7	3.114	1136	276	0	467	0.029	0.026	0.336	1.18	0.565	0.0048	164	113	2520	0	0	599	0.216
60	7	5.2	905	20	2.1	478	0.002	0.011	0	0.071	0.162	0.0054	2.5	32	886	0.06	153	0.39	0.0226
61	6.6	4.96	835	82.9	1.4	426	0	0.009	0	0.084	0.063	0.004	9.9	69.8	700	0.45	170	0.4	0.004
62	6.8	4.356	1490	73	1.3	665	0	0.038	0	12.2	0.144	0.0748	5.4	190	1180	0.17	118	0.45	0.0013
63	6.6	4.978	1787	64	0.93	683	0	0	0	0.955	0.099	0.0028	0.7	262	1380	0	274	0.65	0

附件二　逐步迴歸案例

日期 (第n天) (天)	戴奧辛檢測值 (Y) (ng-TEQ)	垃圾投入量 (X_1) (Ton)	活性碳投入頻率 (X_2) (Hz)	活性碳投入量 (X_3) (kg)	氯化氫濃度 (X_4) (ppm)	一氧化碳 (X_5) (ppm)	氯化物 (X_6) (ppm)	二氧化硫 (X_7) (ppm)	二氧化碳 (X_8) (%)	水含量 (X_9) (%)	氧氣 (X_{10}) (%)	不透光率 (X_{11}) (%)	灰塵 (X_{12}) (mg/Nm³)	流量 (X_{13}) (Nm³/Hz)	溫度 (X_{14}) (℃)	鍋爐出口溫度 (X_{15}) (℃)	第二段爐床溫度 (X_{16}) (℃)	燃燒爐床溫度 (X_{17}) (℃)	副煙道溫度 (X_{18}) (℃)	波爐常出口溫度 (X_{19}) (℃)	混合室溫度 (X_{20}) (℃)	鍋爐對流室溫度 (X_{21}) (℃)	煙囪入口煙道溫度 (X_{22}) (℃)	煙道排煙溫度 (X_{23}) (℃)
1	0.092	0	18.3	4.6	30.45	2.14	129.29	2.27	6.93	17.08	9.44	0.53	0.46	58220.49	152.52	149	947	815	1099	821	1091	662	155	55.04
2	0.107	0	18.4	4.61	25.7	1.7	122.2	1.24	7.06	17.68	9.46	0.59	0.51	57936.38	152.07	149	899	726	1001	871	1017	646	154	54.68
3	0.112	0	18.3	4.59	28.76	1.13	125.87	1.02	6.75	18.17	9.08	0.56	0.49	55374.4	156.62	150	891	709	1038	841	1016	656	159	55.22
4	0.064	11.84	19	4.76	29.86	1.96	134.19	1.41	6.93	18.48	8.87	0.56	0.48	56459.92	155.12	146	934	888	1017	894	983	643	158	56.08
5	0.067	9.42	18.3	4.59	32.85	1.49	123.77	6.98	7.16	18.11	8.99	0.61	0.53	56388.24	152.57	147	928	960	1045	849	1032	658	156	54.42
6	0.0716	6.7	16.5	4.32	23.74	1.81	129.88	3.37	6.48	19.56	10.67	2.17	1.88	56655.24	157.45	180	1069	1104	1151	882	946	629	160	54.52
7	0.0238	4.5	15.6	4.02	23.49	3.82	101.96	6.38	7.38	19.56	9.96	2.2	1.92	53927.88	147.81	152	972	1069	1058	857	980	641	149	49.3
8	0.029	9.32	17.1	4.41	20.68	2.84	117.69	4.01	6.95	20.3	10.67	2.18	1.89	54665.77	148.57	177	1007	1056	1104	886	1057	626	151	51.59
9	0.0491	5.13	17.1	4.41	19.76	4.21	113.7	5.41	7.09	19.49	10.34	2.1	1.82	55352.62	152.38	177	932	1087	1059	832	980	630	155	53.06
10	0.0567	9.13	16	4.12	31	2.5	107.55	7.76	7.38	19.05	10.39	2.2	1.91	55295	146.54	149	909	1075	1047	815	1099	649	149	51.2
11	0.133	8.21	14.5	4.2	21.62	3.6	109.82	2.04	6.15	18.21	10.8	2.95	2.59	58593.61	168.93	156	1022	934	1050	876	1004	637	224	48.78
12	0.102	13.27	15.2	4.48	18.93	3.5	76.4	0.86	6.21	21.67	10.3	2.82	2.47	61092.29	177.36	96	869	855	943	898	926	613	168	56
13	0.087	9.41	15.2	4.32	32.11	3.88	79.81	3.13	6.48	20.5	10.08	2.93	2.57	60259.36	167.38	96	832	824	892	906	927	622	159	53.32
14	0.08	5.61	15.8	4.5	22.41	4.21	77.51	2.94	6.53	20.63	9.82	2.87	2.52	60141.02	171.18	101	879	894	933	910	943	617	163	53.51
15	0.076	6.68	15.1	4.34	34.18	4	140.46	3.99	6.54	20.24	10.41	2.88	2.52	59796.74	166.15	98	831	819	915	845	960	620	158	52.6
16	0.034	0	16.6	4.27	21.27	3.3	124.81	3.33	7.3	20.32	12.58	1.9	1.64	54715.43	156.07	150	914	971	984	736	969	667	158	50.17
17	0.037	0	17.2	4.41	30.9	5.44	138.1	2.14	5.09	18.23	11.97	1.59	1.41	64007.08	161.95	152	973	1010	1052	797	983	668	169	53.33
18	0.039	0	16.7	4.29	24.02	4.59	134.33	1.67	7.46	21.49	11.95	1.94	1.68	57226.57	160.22	167	944	970	1021	793	963	682	162	55.15
19	0.045	0	16.6	4.26	25.18	2.49	139.24	1.06	7.56	22.81	11.38	1.93	1.67	53570.41	163.64	166	959	1013	1028	928	937	661	167	52.66
20	0.062	0	15.7	4.03	24.35	5.28	141.01	1.44	7.46	20.32	12.07	2.02	1.75	54812.49	157.33	122	981	1064	1059	861	975	674	160	50.26
21	0.115	0	18.6	4.31	27.49	8.86	102.09	5.01	7.48	20.84	10.08	2.06	1.76	54745.24	152.17	145	894	816	981	908	975	622	157	52.57
22	0.242	0	20.2	4.68	26.4	9.35	91.96	4.1	6.7	21.12	10.56	1.68	0.94	58750.4	165.23	193	996	763	1065	883	907	605	168	57.23
23	0.394	0	20.5	4.76	15.79	4.23	88.4	2.3	6.55	20.64	10.08	0.98	0	59531.5	171.45	195	963	982	994	819	971	646	175	58.53
24	0.155	10.2	18.27	4.24	24.29	14.51	76.68	6.1	8	21.42	9.53	2.24	1.92	53443.39	157.41	180	944	873	1010	986	932	607	161	52
25	0.192	16.3	19.83	4.6	21.34	21.09	89.19	3.59	7.04	20.74	10.35	1.96	1.68	58394.41	163.83	185	957	884	1029	900	958	630	167	56
26	0.148	9.96	20	4.3	19.81	5	85.46	0.27	6.83	18.02	10.13	1.04	0.89	52627.96	172.08	152	909	936	991	958	932	661	160	51.45
27	0.21	8.18	20.7	4.45	21.26	5.57	88.44	0.92	6.78	18.51	10.23	1	0.85	53520.56	169.36	149	856	745	943	955	933	672	157	53.32
28	0.15	5.33	21.4	4.61	15.75	5.49	98.71	1.13	6.6	18.6	10.5	0.57	0.48	54570.63	166.12	164	956	912	1008	914	938	660	175	55.87
29	0.102	9.03	21.8	4.69	30.37	5.07	118.01	7.51	6.86	18.94	10.22	0.75	0.64	56130.16	160.69	161	933	864	986	916	943	672	164	56.7

附件二　逐步迴歸案例 (續)

日期 (運轉天)	戴奧辛總濃度 (Y) (ng-TEQ)	垃圾投入量 (X_1) (Ton)	活性碳噴入頻率 (X_2) (Hz)	活性碳噴入量 (X_3) (kg)	氯化氫濃度 (X_4) (ppm)	一氧化碳 (X_5) (ppm)	氮氧化物 (X_6) (ppm)	二氧化碳 (X_7) (ppm)	二氧化硫 (X_8) (%)	水含量 (X_9) (%)	氧氣 (X_{10}) (%)	不透光率 (X_{11}) (%)	灰塵 (X_{12}) (mg/Nm³)	流量 (X_{13}) (Nm³/hr)	溫度 (X_{14}) (°C)	鍋爐出口溫度 (X_{15}) (°C)	第二段爐床溫度 (X_{16}) (°C)	燃燒爐床壁溫度 (X_{17}) (°C)	副煙道溫度 (X_{18}) (°C)	裂轉爐出口溫度 (X_{19}) (°C)	混合室溫度 (X_{20}) (°C)	鍋爐對流區溫度 (X_{21}) (°C)	煙囪入口煙道溫度 (X_{22}) (°C)	排煙溫度 (X_{23}) (°C)
30	0.169	12	22.4	4.82	29.01	5.2	106.54	4.85	6.89	18.82	9.93	0.85	0.72	60440	167.86	123	906	831	970	877	931	666	170	58.55
31	0.034	4.58	19.5	4.45	26.64	1.62	89.64	1.16	7.35	21.37	10.85	0.57	0.57	53732.66	160.58	195	846	944	992	853	1027	608	161	54
32	0.136	11.21	19.6	4.46	20.74	1.85	100.9	0.83	7.49	19.83	11	0.65	0.63	53695.57	162.51	200	950	916	1027	857	990	623	164	54.1
33	0.19	14	20.8	4.75	19.26	3.17	91.17	0.78	7.26	21.47	10.74	0.48	0.51	54634.13	163.93	156	823	815	965	813	987	610	165	57.62
34	0.131	9.96	19.5	4.45	27.57	0.91	94.45	0.98	7.83	20.32	10.61	0.53	0.55	53971.05	158.91	188	899	902	963	895	961	637	160	54.12
35	0.176	9	21.2	4.82	26.88	1.53	98.22	1.35	7.27	21.5	10.8	0.51	0.53	55080.58	164.67	128	798	775	911	838	960	638	167	58.78
36	0.209	6.77	19.2	4.99	22.37	2.34	97.85	2.85	4.74	17.82	10.36	1.32	1.12	74823.69	181.09	152	874	1002	997	966	1013	651	181	58.05
37	0.185	4.87	18.5	4.58	20.71	2.98	127.8	3.76	4.81	15.75	10.68	1.41	1.14	75856.36	173.66	138	522	1093	1039	956	1045	665	175	56.35
38	0.117	12.64	17.9	4.43	26.63	1.62	131.37	8.19	6.76	20.8	10.58	1.79	1.53	62151.39	161.73	125	791	1079	983	964	1074	649	160	54.23
39	0.186	11.99	18.9	4.67	24.99	3.53	84.17	4.47	5.12	16.71	10.48	1.19	1	75747.43	169.73	89	878	998	962	994	1002	653	174	57.23
40	0.073	7.27	19.3	4.78	17.26	0.87	137.2	3.88	6.22	21.54	10.47	1.62	1.38	65365.94	173.21	91	842	1074	965	928	1049	648	172	57.93
41	0.409	8.36	17.8	3.94	12.14	1.96	77.32	2.34	7.06	20.38	12.01	1.31	1.11	42936.28	161.03	143	902	955	993	942	941	713	164	47.86
42	0.407	9.69	19	4.2	22.79	1.41	99.76	3.89	7.12	19.53	10.89	1.37	1.17	52292.38	161.51	151	863	997	1009	945	991	684	163	51.18
43	0.308	4.78	18.9	4.18	21.14	1.06	103.61	1.74	6.95	18.35	10.97	1.18	0.94	51018.52	170.33	149	858	1014	997	849	1009	701	172	51.03
44	0.449	7.61	19.9	4.41	14.85	1.23	87.74	0.28	6.38	18.31	10.96	1.1	0.94	53630.88	171.06	149	901	1038	1023	871	962	688	172	53.86
45	0.129	12.62	19.2	4.26	16.99	18.41	95.25	5.69	6.88	17.79	11.3	1.15	0.98	50172.23	162.43	152	780	986	969	889	1022	699	164	51.61
46	0.055	3.51	18.8	4.5	19.13	2.41	83.33	3.67	6.89	20.64	10.7	2.03	1.8	56927.47	174.49	154	923	1052	1020	850	1005	679	180	55.03
47	0.058	9.29	18.9	4.56	21.28	6.62	97.84	3.4	6.63	19.39	11.04	1.98	1.76	56360.94	174.85	154	995	1141	1083	832	1060	687	182	55.3
48	0.067	4.56	17.7	4.28	25.2	5.78	94.73	5.85	7.12	19.98	10.56	2.07	1.83	55677.41	168.55	201	978	1132	1074	855	1039	677	177	51.98
49	0.003	9.47	19	4.59	25.97	4.29	74.73	4.55	7.27	21.42	9.85	2.16	1.91	60771.06	167.87	188	978	1075	1022	900	961	673	175	55.48
50	0.047	12.53	20.2	4.87	17.3	1.92	92.46	3.53	6.59	20.71	10.83	1.85	1.64	57991.76	177.59	107	895	1013	1032	817	980	684	184	58.82
51	0.219	7.44	21.9	5.26	17.38	3.77	80.78	3.15	6.67	23.43	9.69	3.07	2.67	62353.77	163.44	95	983	916	1006	976	916	699	164	58.57
52	0.318	3.85	22.7	5.47	19.48	3.98	110.44	1.26	6.3	21.8	10.64	2.93	2.54	59737.96	164.57	148	1028	1034	1096	878	926	680	164	61.27
53	0.594	4.85	20.1	4.82	17.9	2.25	103.32	1.38	6.85	22.44	9.63	3.08	2.68	59841.54	160.47	157	938	1048	1054	966	976	697	161	53.47
54	0.34	8.26	21.3	5.11	30.8	5.93	112.82	7.3	6.59	21.14	10.23	3.35	2.93	59553.01	158.76	155	998	1176	1088	908	988	684	159	56.65
55	0.301	9.28	21.1	5.07	19.6	9.11	89.96	3.2	6.54	22.22	10.07	3.5	3.06	59613.08	160.72	98	978	1075	1058	943	939	675	161	56.27
56	0.012	5.01	23.1	5.36	19.88	12.36	100.26	2.64	5.2	15.93	12.72	3.03	2.69	55223.18	177.04	180	943	953	998	825	961	656	183	60.08
57	0.256	9.25	21.9	5.08	18.95	15.13	77.52	2.47	5.15	16.06	12.24	3.12	2.78	55193.39	179.98	94	796	871	914	877	931	667	186	56.93
58	0.194	6.02	21.5	5.01	25.43	15.13	119	2.58	5.17	15.19	12.81	3.25	2.9	51582.25	174.63	154	932	969	1017	827	981	650	237	56.1

附件二　逐步迴歸案例（續）

日期 (第n天) (天)	戴奧辛總排放量 (Y) (ng-TEQ)	垃圾投入量 (X_1) (Ton)	活性碳噴入頻率 (X_2) (Hz)	活性碳噴入重 (X_3) (kg)	氯化氫濃度 (X_4) (ppm)	氮氧化物 (X_5) (ppm)	二氧化硫 (X_6) (ppm)	一氧化碳 (X_7) (%)	水含量 (X_8) (%)	氧氣 (X_9) (%)	不透光率 (X_{10}) (%)	灰量 (X_{11}) (mg/Nm³)	流量 (X_{12}) (Nm³/Hr)	溫度 (X_{13}) (℃)	鍋爐出口溫度 (X_{14}) (℃)	第二段爐床溫室 (X_{15}) (℃)	燃燒爐床溫室 (X_{16}) (℃)	副煙道溫度 (X_{17}) (℃)	旋轉窯出口溫度 (X_{18}) (℃)	混合室溫度 (X_{19}) (℃)	鍋爐對流區溫度 (X_{20}) (℃)	煙囪入口煙道溫度 (X_{21}) (℃)	煙道排煙 (X_{22}) (℃)
59	0.135	4.71	20.5	4.76	29.88	21.68	81.81	2.4	5.41	15.68	11.85	3.3	2.94	55031.64	172.83	99	721	877	917	899	971	671	238	53.35
60	0.251	12.77	22.2	5.42	11.11	1.79	109.4	0.3	6.39	20.74	10.89	2.74	2.4	55581.9	176.92	195	931	875	1044	806	1015	703	243	60.55
61	0.422	12.06	21.8	5.31	14.17	1.32	97.8	0.64	6.33	19.47	10.87	2.57	2.25	55085.07	184.98	195	970	869	1014	828	998	701	240	59.26
62	0.084	11.45	23.2	5.66	27.18	2.44	124.86	1.38	7.38	20.62	11.67	2.82	2.47	52103.8	167.62	195	819	855	1018	788	966	707	169	63.18
63	0.183	5.54	22.7	5.53	11.17	1.79	105.85	0.22	6.45	20.26	11.2	2.76	2.41	54132.43	179.35	195	944	889	1026	810	1001	702	180	61.79
64	0.266	11.16	22.9	5.58	17.47	1.42	91.44	0.3	6.17	20.18	11.03	2.5	2.19	55811.14	180.02	194	899	883	1007	804	993	714	181	62.31
65	0.215	15.4	26.2	5.64	14.98	4.18	103.72	1.31	7.49	21.8	12.53	3.68	3.22	55980.66	178.73	177	1009	933	1032	836	1009	667	180	65.28
66	0.319	11	23.5	5.06	30.62	3.34	111.88	5.08	8.26	21.83	11.09	4.02	3.49	60149.65	169.61	156	991	1044	1116	919	999	651	173	62.93
67	0.217	13.76	26	5.59	24.47	6.08	123.37	1.38	7.38	21.87	12.23	3.93	3.44	56838.81	182.5	170	971	1136	1135	837	921	681	179	65.1
68	0.22	9.13	25.8	5.56	27.1	5.42	120.97	2.27	7.66	21.21	12.52	4.19	3.68	54952.29	171.32	156	991	1044	1116	919	999	651	228	62.93
69	0.106	12.46	26.2	5.64	28.43	6.12	107.8	1.31	7.45	22.04	12.45	4.09	3.6	56436.68	176.65	170	971	1136	1135	837	921	681	234	65.1
70	0.16	3.66	20.7	4.71	29.07	2.84	84.95	5.35	7.39	19.69	10.19	5.44	4.83	56737.39	154.99	170	947	898	927	1136	1087	724	157	52.83
71	0.18	9.6	22.1	5.04	29.03	2.29	87.38	5.62	6.86	21.71	10.61	5.45	4.84	55443.7	163.8	179	912	865	946	874	1079	710	165	56.9
72	0.129	7.07	21.5	4.9	24.7	1.69	90.18	6.25	7.89	19.94	10.93	5.4	4.79	54900.17	158.98	160	926	885	928	908	1064	702	161	55.25
73	0.222	9	20.2	4.6	24.32	6.26	77.82	5.87	7.66	21.12	9.93	5.45	4.84	57303.55	156.22	160	846	845	859	913	929	711	159	51.85
74	0.095	6.63	20.3	4.63	28.61	16.51	56.15	5.34	6.97	23.44	9.84	5.34	4.74	55128.3	162.56	185	882	827	910	856	950	673	165	51.88
最大	0.594	16.3	26.2	5.66	34.18	21.68	141.01	8.19	8.26	23.44	12.81	5.45	4.84	75856.36	184.98	201	1069	1176	1151	1136	1099	724	243	65.28
最小	0.003	0	14.5	3.94	11.11	0.87	56.15	0.22	4.74	15.19	8.87	0.48	0	42936.28	146.54	89	721	709	859	736	907	605	149	47.86

chapter 6

環境模式原理與衝擊預測

　　廣義的環境評估應包含：政策方案執行前的衝擊預測、政策方案執行中的控制與管理以及政策方案執行後的效能評估等不同內容。其中，衝擊預測的目的是衡量政策方案介入後對環境（包含：自然環境、經濟環境與社會環境）所造成的正面或負面影響。環境衝擊量與環境效益可以利用質化或量化的方式來描述，但在大部分的評估案例中，都希望盡量以量化的方式來呈現衝擊量（或效益量）以方便進行政策方案的比較與選擇。以一般性環境影響評估的衝擊預測為例（如圖 6.1 所示），若曲線 Q1 表示沒有任何政策或方案介入下的環境品質趨勢，若決策者想了解 A、B 兩個不同的政策方案對環境品質的影響，則決策者可以利用各種不同的評估方法進行衝擊預測，假設在環境模式的協助下，決策者估算出 A、B 兩個政策方案執行後環境品質的變化趨勢（如圖 6.1 曲線 A 和 B）。決策者便可以根據估算出來的衝擊程度進行方案選擇，方案選擇可以是相對性的比較結果，也可以以環境標準（如：涵容量、品質標準）作為絕對性的判斷依

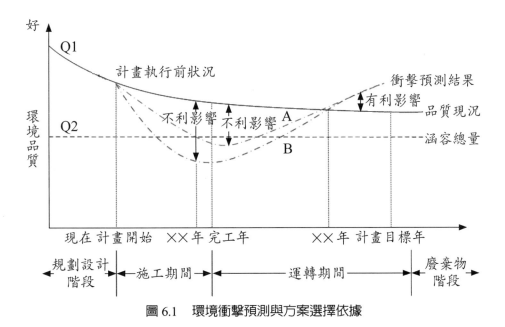

圖6.1　環境衝擊預測與方案選擇依據

據。如圖 6.1 所示，由於政策方案 B 會產生有較大的環境衝擊，在相對性的比較下，政策方案 A 會是最終的政策選擇。但是如果我們以環境品質標準（如圖 6.1 線段 Q2）作為評估基準，則無論是 A 方案或 B 方案，因為它們所產生的環境衝擊量都已超過環境所能容許的增量，使環境無法發揮它正常的用途，因此在無任何減輕方案的情況下，A 方案或 B 方案都會被認定為不適合執行的政策方案。

　　進行環境評估與方案選擇前須先對衝擊（或績效）衡量的方式與內容進行定義，可以採用單一目標、也可以選擇以多目標作為評估衝擊量或績效的方式；可以僅從系統產出的多寡作為效衡量的基準、也可以同時考慮投入與產出變化進行績效判定，而衝擊與效益衡量的方式需視環境評估問題的目的而定。對一般性環境影響評估問題而言，政策方案對環境的影響通常是多面向的，可被視為是一種多目標評量問題，這種複雜問題最大的困難是如何權衡不同目標的重要性，而且和其他環境評估問題不同的是，一般性環境影響評估不採用平均量而是以最大量（最大衝擊量的位置和發生最大衝擊量的時間）的方式來判定政策方案對環境的衝擊程度。

第一節　衝擊評估的概念與架構

　　衝擊量的預測以及後續的衡量方式必須在規劃階段中完成，規劃中的政策方案僅能透過環境模式的方式進行推估，在推估過程中必須考慮資料的品質、模式的適用條件以及減輕方案與環境保護措施的風險，因此無論採用何種方式進行環境評估，評估結果必然存在風險與不確定性。評估報告書中必須明確交代資料品質、工具的限制以及結果的不確定性。圖 6.2 是環境評估的基本架構，完整的評估架構應包含：1. 環境系統的定義與內涵分析；2. 環境調查與模擬分析；3. 政策分析；4. 政策選擇與方案設計等幾項內容。

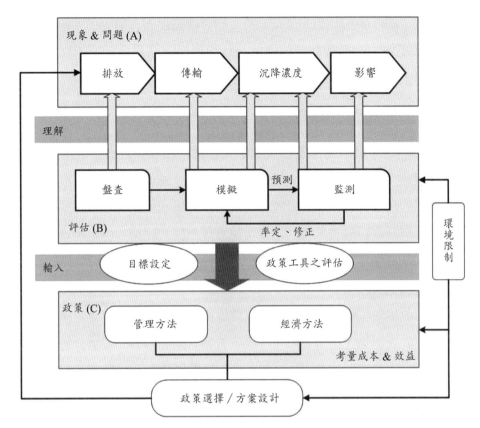

圖 6.2　環境監測、模擬與政策評估架構

一、環境系統的定義與內涵分析

　　環境評估的第一個步驟必須先確認評估的目的、評估的範圍以及環境系統內的主要單元與關連，並了解政策方案介入後，是以何種方式影響環境系統內的單元。以工廠設置與空氣汙染物衝擊分析為例，進行環境衝擊評估前，分析者必須利用環境工程的知識，分析工廠排出的汙染物特性並正確估算它們的排放量；從環境科學的角度解析開發區位的地形與氣候特徵，以了解汙染物在大氣中的傳輸降解、轉化與沉降的狀況；從健康風

險的觀點了解汙染物的空間分布以及不同傳輸途徑對人體與生態健康的影響。在從不同的知識觀點確認環境系統的運作方式以及後續的評估重點後，便可著手進行後續模式評估的程序。

二、環境調查與模擬分析

環境模式的目的是希望利用數學、物理、化學、社會、經濟、政治或生態理論來描述或模擬真實世界的運作狀況，並進一步根據模擬的結果擬定各項的政策方案以達到管理和控制系統行為的目的。環境模式分析的內容主要包含資料盤查、模式選擇與建立以及模式驗證與應用等幾項內容（如圖 6.2(B) 所示）說明如下。

1. 環境監測與資料盤查

資料收集是指透過量測、監測、問卷與訪談等不同方式蒐集模式分析時所需要的資料集，這些資料包含政策方案的開發內容、環境介質與關連資料（如：物質流、資訊流與能量流）以及受影響對象的狀態資料（如：生物多樣性、人口分布等）。資料的收集除了必須有目的性外，資料清洗（如缺失資料的補遺以及極端異常資料的去除）、資料整合以及資料轉換等前資料處理也必須非常審慎，才能確保環境資料的品質。資料盤查的目的是為了確認開發行為的汙染產生量，汙染產生量的推估方法，主要有下列幾種方法（環保署，2014）：

(1) 直接推估方法：

由量測排放口的汙染物濃度與排放流量推估而得，直接推估法是汙染量推估中最可靠的方法，但需要較高成本。但是除非工廠製成與汙染物排放穩定，直接推估法受制於採樣的隨機性，若採樣樣本數少則不一定可以取得具有代表性的數據。

(2) 質量平衡法：

係利用製程中物質質量及能量之進出、產生及消耗、轉換的平衡關

係來估算汙染產生量的一種方法。質量平衡法及工程計算方法在應用上，需有製程資料以及每一個製程單元的輸入物質與製程操作參數才能準確計算。質量平衡法是一種非常常見的汙染量推估方法，因此為了確保推估結果的正確性，行政院環境保護署特別於民國 99 年公告「採用質量平衡計算空氣汙染物排放量之固定汙染源計量方式規定」規範之。

(3) 工程計算方法：

　　利用物質成分特性及理論公式進行估算。例如利用下列方程式以及垃圾的化學元素組成來推估廢棄物燃燒的低位發熱量（Low Heating-value, LHV）。

$$H_l = 81C + 342.5(H - \frac{O}{8}) + 22.5S - 6(9H + w) \quad \text{Dulong 式} \tag{6.1}$$

$$H_l = 81(C - \frac{3}{8}O) + 57 \times \frac{3}{8}O + 345(H - \frac{O}{16}) + 25S - 6(9H + w) \quad \text{Steuer 式} \tag{6.2}$$

$$H_l = 81(C - \frac{3}{4}O) + 57 \times \frac{3}{4}O + 342.5H + 22.5S - 6(9H + w) \quad \text{Scheurer-Kestner 式} \tag{6.3}$$

(4) 間接推估方法：

　　即排放係數推估法。該方法利用一具代表性的係數因子配合活動強度進行推估。排放係數是間接推估法的核心基礎，排放係數可以利用實測方式獲得，但大部分的排放係數仍以美國環保署及歐洲環境署（European Environment Agency, EEA）等國際重要組織所建立的排放係數資料系統為主。常見的排放係數資料庫說明如表 6.1。

排放量（W）＝排放係數（C）× 活動強度（A）× 控制因子（I）　（6.4）

表 6.1 常見排放係數資料庫

名稱	出處(起始年)	內容說明	適用對象	特色
AP-42(Compilation of Air Pollution Emission Factors)	美國環保署(1968)	包含超過 200 種的空氣污染物及類型。污染源類型是依特定的工業或相似的污染源進行分類。其利用 SCCs 為檢索依據。	分為固定點源及面源之排放係數(上冊)、移動源之排放係數(下冊)。	因污染源種類較多,經常被其他國家引用為係數參考的依據。
FIRE(Factor Information Retrieval)	美國環保署(1990)	數據涵蓋 AP-42 及 L&E、AFSEF 等早期建置的空污排放係數文件,其不斷將排放係數文件刪除並更新。	整併一般空氣污染物及有害空氣污染物的排放係數建立之系統,特別彙整工業及非工業製程的毒性空氣污染物數據。	取代軟體安裝的繁雜程序,是一個線上檢索(2012 年起),且適合運用數據庫的開發工具在排放係數上。
TEDS(Taiwan Emission Data System)	台灣環保署(1989)	涵蓋各類污染源排放量的總排放量資料庫。每三年調查公告資料乙次。最新版為 TED8.0。	點源(固定污染源工廠)、線源(車輛污染排放)、面源(民生活動/無明確製程分類等)、生物源(植被/裸露地)。	TEDS8.0 版首次加入 QA/QC 之標準作業程序,並彙整資料及空污申報及

表 6.1　常見排放係數資料庫（續）

名稱	出處（起始年）	內容說明	適用對象	特色
MOBILE	美國環保署（1980 年左右）	是一排放的推估模式，其推估污染物由 NOx、HC、CO 等 19 展到 PM、鉛等物種為多個物種。最新版本為 MOBILE 6.2。	主要用來計算線源。包括氣車、摩托車等，貨車、重型卡車等則依噸位細分為多種等級。	台灣依據 MOBILE 6.2 發展出 MOBILE Taiwan 3.0，以我國車年平均行車里程數、車齡分布等修正參數。
MOVES（Motor Vehicle Emission Simulator）	美國環保署（2004）	估算移動性污染源對溫室效應、毒性空氣污染物的影響。最新版為 MOVES2014。	移動性污染源。	

其中：

> 排放係數：又稱「排放因子」（Emission Factor），是指每單位活動
> 強度所排出的汙染量
>
> 活動強度（Activity intensity）：一段時間內之生產或服務規模
>
> 控制因子：汙染源控制前後的汙染排放量比值，等於（1 − 汙染控
> 制設備或措施的削減率）

利用環境模式進行衝擊預測，除了需要取得政策方案在生產或服務過程中的產生衝擊量外，大部分的環境模式還需要與介質流動（如：水流、氣流、金流、人流與資訊流等）有關的資訊，用以了解政策方案所產生出來的衝擊量是以何種方式傳遞到不同的環境受體上，通常在真實的複雜系統（例如：健康風險評估、經濟效益與社會衝擊評估問題）中，這種傳遞經常是以動態、非線性與多介質的方式進行的，由於傳遞的路徑與傳遞的速度不同，必須特別小心衝擊（或效益）延遲的現象，以及間接效應對評估結果的影響。進行盤查與模擬分析後，分析者也必須透過監測的方式來了解真實的受體濃度以及它們對受體的衝擊量，衝擊量的估算除了需考慮受體濃度外，受體的特性（例如：年紀、性別等）也必須一併考慮。事實上，監測資料除了被用來量化受體濃度與環境衝擊外，也被用來率訂模式參數以及驗證模式的適用性與準確度。當模式已經可以正確的模擬政策方案可能帶來的環境衝擊後，便可在擬定政策方案目標以及篩選可能的政策工具後（如圖 6.2 所示），進入政策方案分析與選擇的階段（如：替代方案、減輕方案、汙染削減方案等），而可行性評估、時效分析與成本效益評估則是這個階段的評估重點，評估過程管理者必須同時考慮內、外部環境條件的限制選出最佳的政策方案與政策工具，並依據短、中、長程的政策目標擬定各階段的行動方案，利用各種程序控制、專案管理、績效評估以及預算控管的方式以確保計畫目標的達成。

第二節　環境模式原理

一、模式的目的

　　環境模式的目的就是希望利用數學、物理、化學、生物或社會科學原理來模擬眞實的環境系統行爲，並進一步預測系統在不同時間或空間位置的變化，以協助管理者擬定各種管理方案，用以管理或控制系統的行爲。以河川水質管理爲例，當有機性廢水排入河川時，有機性汙染物在分解過程中會消耗水中溶氧，造成河川水體的缺氧量增加（飽和溶氧與水中溶氧的差值），依據亨利定率（Henry's law）原理，水中飽和溶氧量應與空氣中氧氣的分壓以及水體溫度有關，因此對於一個開放性的環境系統而言，水體中的飽和溶氧應爲一定值。當缺氧量發生時，空氣中的氧氣會透過擴散原理進入水體，此過程被稱爲再曝氣現象。圖 6.3 顯示有機性廢水排入河川水體後怯氧與再曝氣曲線的變化，根據河川溶氧量的變化與水質特性的差異（如圖 6.3 所示），將有機汙染物排入河川後的反應區分成汙染段、急速分解段、復原段與清水段等四個不同階段，這四個階段也就是河川的自淨過程。

　　爲了利用數學模式模擬河川溶氧量的變化，Streeter 與 Phelps 兩人於 1925 年發表了著名的 Streeter-Phelps 公式〔如方程式（6.5）所示〕，其中 K_r 與 K_2 爲方程式的參數，它們分別代表了河川的汙染物降解與再曝氣速率，這兩個參數值與河川系統的特徵（如：流速、底棲環境與生物相等等因素）有關，因此將 Streeter-Phelps 公式應用於不同的河川系統中，必須先率定模式中 K_r 與 K_2 這兩項參數，通常會利用文獻或現地監測所取得的資料進行參數的率定。

$$D_t = \frac{K_r \cdot L_0}{K_2 - K_r}(10^{-k_t t} - 10^{-k_2 t}) + D_0 \cdot 10^{-k_2 t} \tag{6.5}$$

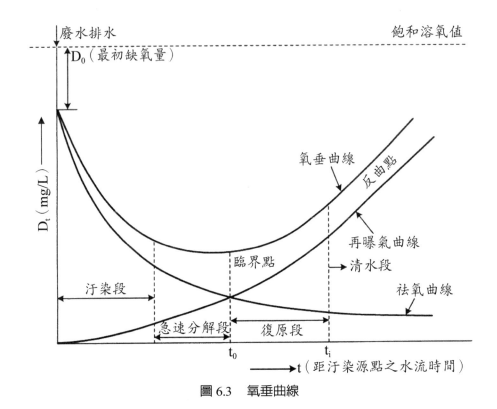

圖 6.3　氧垂曲線

其中：D_t = 距汙染源點之水流時間 t 時之缺氧量

　　　　 = 當時溫度下的飽和溶氧—實際的溶氧量

　　　 L_0 = 排入點混和後的 BOD 濃度（mg/L）

　　　 K_r = BOD 分解係數（1/day）

　　　 K_2 = 再曝氣係數（1/day）

　　　 D_0 = 起初的缺氧量（mg/L）亦即汙水與河川流量混合後的溶氧，
　　　　　　 與理論飽和溶氧之差

　　藉由環境模式（如 Streeter-Phelps 公式）的協助，管理者可以推估現有的環境品質也可以預測汙染行為或政策方案對環境品質的影響。以圖 6.4 為例，管理者透過現地的環境監測數值來率定並驗證 Streeter-Phelps 公

表 6.2　河川受汙染後的變化

分區	物理狀態	化學狀態	生物狀態
汙染段（Zone of degradation）	水色渾濁、汙泥淤積、開始分解	CO_2、NH_3 產生，DO 降低	眞菌出現，細菌開始增加、藻類死亡、高等動物逐漸消失。下游段眞菌被細菌破壞、汙泥堆積物上產生紅蟲攝取汙泥。
急速分解段（Zone of active degradation）	明顯的嚴重汙染、汙水濁黑、黑色浮沫產生、H_2S 臭味產生	DO 急降，CO_2、H_2S、CH_4 增加	眞菌大部分消失產生紅蟲，魚類絕跡，大部分微生物爲厭氧菌，細菌數達最高值。
復原段（Zone of recovery）	水爲淡灰色、汙泥減少成塊狀	DO、NO_2^-、NO_3^-、SO_4^- 增加而 CO_2、NH_4^+ 減少	抵抗力強之魚類開始出現，眞菌度出現、藻類其次出現，細菌數減少。
清水段（Zone of clean water）	水色清澈、無浮沫產生、無臭	DO>BOD，DO 漸趨飽和	浮游生物出現、魚類出現、致病菌減少。

式中的參數（怠氧與再曝氣係數），並用以推估河川中未執行監測位置的溶氧量，當河川的系統環境維持不變的情況下，便可用來預測汙染量增加（或減少）對河川溶氧的影響。部分的環境評估問題會以平均值作爲收益或損害程度的判斷依據，但對於以損害評估爲主的環境評估問題（如環境影響評估），則多以最大衝擊量作爲判定影響是否顯著的依據，這類的評估問題特別在意最大衝擊量發生的位置、時間、影響的對象以及影響的程度，以 Streeter-Phelps 公式爲例，方程式（6.6）與（6.7）便可用來推估最大缺氧量以及它發生的時間。

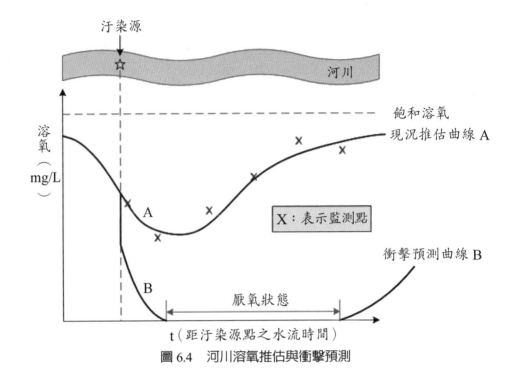

圖 6.4　河川溶氧推估與衝擊預測

$$D_c = \frac{L_0}{f} \times 10^{-k_r \cdot t_c} \tag{6.6}$$

$$t_c = \frac{1}{k_r(f-1)} \log \left\{ f \cdot \left[1 - (f-1)\frac{D_0}{L_0} \right] \right\} \tag{6.7}$$

其中：

　　f 為自淨係數（Self-purification coefficient）$= K_2 / K_r$

　　從 Streeter-Phelps 公式也可以發現，當開發行為造成河川中某些河段的缺氧量過大或產生厭氧狀態時，管理者可以根據開發行為的內容以及河川環境現況採取不同的管理措施，包含：1. 源頭管理：降低開發規模、增加汙染去除效率或利用總量交易與上、下游汙染源進行總量交易，以改變模式混合點濃度（L_0）。2. 河川環境系統再造：改變河川棲地環境，增加汙染物轉化與降解能力（K_r），改變河川水力環境，增加河段的再曝氣能力（K_2）。

案例 6.1

　　某一工業廢水，其流量為 5.3 m³/sec，溶氧為 2.8 mg/L，BOD₅ 為 72 mg/L，廢水溫度為 25℃，排入一河川，河川流量為 48 m³/sec，溶氧為 7.8 mg/L，BOD₅ 為 4.8 mg/L，水溫為 20℃，河川流速為 0.6 m/sec，再曝係數 K_2（20℃）= 0.52day⁻¹，BOD 分解係數 K_r（20℃）= 0.11day⁻¹，試求發生最低的溶氧及距離。

註：$K_r(T) = K_r(20℃) \times 1.047^{T-20}$

　　　$K_2(T) = K_2(20℃) \times 1.0159^{T-20}$

　　　$L_{o,T} = L_{o,20℃}$

解答 6.1

　　廢水與河川混合後之溫度 $= \dfrac{5.3 \times 25 + 48 \times 20}{5.3 + 48} = 20.5℃$，表 6.3 可得知 20.5℃ 的飽合溶氧為 9.1 mg/L。

混合後之 $BOD_5 = \dfrac{5.3 \times 72 + 48 \times 4.8}{5.3 + 48} = 11.43$ mg/L

混合後之溶氧 $= \dfrac{5.3 \times 2.8 + 48 \times 7.8}{5.3 + 48} = 7.28$ mg/L

$K_r(19℃) = 0.11 \times 1.047^{20.5-20} = 0.11 \text{day}^{-1}$

$K_2(19℃) = 0.41 \times 1.0159^{20.5-20} = 0.41 \text{day}^{-1}$

$L_{o,20.5℃} = \dfrac{11.43}{1 - 10^{-0.1 \times 5}} = 16.72 \text{mg/L}$

$L_{o,20.5℃} = 16.72[1 + 0.02(20.5 + 20)] = 16.89 \text{mg/L}$

$t_c = \dfrac{1}{k_r(f-1)} \log \left\{ f \cdot \left[1 - (f-1)\dfrac{D_0}{L_0} \right] \right\}$

式中，$D_0 = 9.1 - 7.28 = 1.82 \text{mg/L}$

$f = K_2 / K_r = 0.41/0.11 = 3.72$

$t_c = \dfrac{1}{0.11(3.72-1)} \log \left\{ 3.72 \cdot \left[1 - (3.72-1)\dfrac{1.82}{16.89} \right] \right\} = 1.4$ 天

距離 $= u \times t_c = \dfrac{0.6 \times 1.4 \times 24 \times 60 \times 60}{1000} = 72.58$ 公里

$$D_c = \dfrac{L_0}{f} \times 10^{-k, \, tc} = \dfrac{16.89}{3.72} \times 10^{(-0.11)(1.4)} = 3.18 mg/L$$

故，最小溶氧量 $= 9.1 - 3.18 = 5.92 mg/L$

表 6.3　溫度與飽和溶氧關係

溫度（℃）	DO（mg/L）	溫度（℃）	DO（mg/L）
0	14.6	21	9.0
1	14.2	22	8.8
2	13.9	23	8.7
3	13.5	24	8.5
4	13.2	25	8.4
5	12.8	26	8.2
6	12.5	27	8.1
7	12.2	28	7.9
8	11.9	29	7.8
9	11.6	30	7.7
10	11.3	31	7.5
11	11.1	32	7.4
12	10.8	33	7.3
13	10.6	34	7.2
14	10.4	35	7.1
15	10.2	36	7.0
16	9.9	37	6.8
17	9.7	38	6.7
18	9.5	39	6.6
19	9.3	40	6.5
20	9.2		

二、模式的種類與選擇

　　系統模型的選擇必須根據決策問題、決策目標、決策準確度需求以及資訊供需狀況而定。一般而言，當決策問題的複雜度愈高、問題的結構愈不明確時，會採用定性或半定量的非結構性模型，而定量模型則常被應用在具有清楚行為機制的系統中。圖 6.5 說明問題類型、知識了解程度與環境模式選擇之間的關係，對於無法清楚利用量化方式進行描述的社會系統以及知識了解程度較低的環境問題，通常會採用情境預測這類的非結構模型進行分析。對於空氣擴散模擬、水體水質模擬這類可以利用物理或化學原理來描述汙染物的傳輸現象的問題，通常會利用結構性的工程模型進行系統行為的模擬與衝擊預測。其中，環境資訊學的功能是資料（Data）、資訊（Information）與知識（Knowledge）的儲存、分享、處理與應用，其目的是協助決策者有效的整合與分析大量的環境資料；預測模式的目的則是協助決策者從過去的系統資訊預測現有與未來的系統行為，協助決策者掌握環境系統的變化趨勢，以有效擬定政策方案來預防未來問題的發生（如：水資源與電力需求預測、空氣品質預警機制）。事實上，對於環境規劃問題而言，若決策者無法掌握環境系統的未來趨勢與變化，則無法有效擬定規劃目標以及後續的行動方案內容；模擬模式的目的是希望利用物理、化學、生物等各種不同的學理基礎來模擬環境系統的行為，了解系統控制變數與外在環境限制對環境系統的影響，用以評估、管理與控制環境系統的行為，空氣擴散模式、水體水質模擬模式、自動控制系統都是這一類模式的常見工具；最佳化模式主要用來進行資源的最佳化配置、參數最佳化的問題，利用最佳化模式使管理者在不同的環境限制條件下，產生最佳化的資源配置方案，例如：垃圾清運路線、場址篩選、水資源調配規劃等問題。工具的選擇需視環境問題的複雜度、決策目的以及環境限制（如：時間、成本、資料可得性）而定，在大部分的環境評估問題中，這

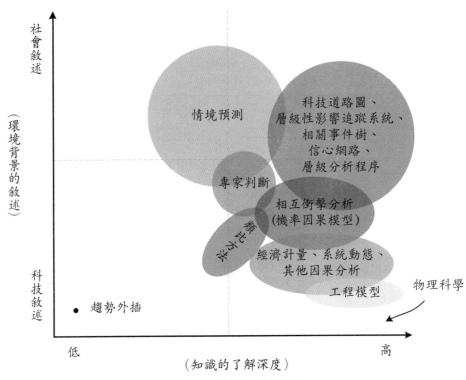

圖 6.5 環境模式的類型

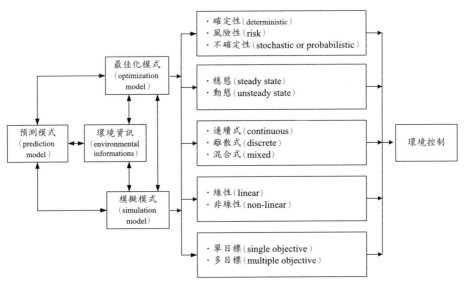

圖 6.6 系統分析常見的量化分析工具

些工具經常是混合使用的，分析者應該以目的導向的方式，進行工具、資料的整合使用。模式的總類很多，一般都根據系統的特性（如：時間的連續性、空間性的連續性、模式的原理等）進行分類，以下根據這些特性進行分類說明（Alexey，2008）：

1. 以形式來區分

(1) 敘述性的概念模型：僅以口頭描述方式呈現，如描述我家的方向；描述一個人的外貌；描述一個人的行爲；描述下雨這個事件。

(2) 圖型化的模型：用圖型的方式來表達模型中組成的關聯，圖型化的模型具有簡化溝通，避免文字帶來的贅述，如以圖形化方式表達水文循環。

(3) 物理性模型：以小尺度重建實體，如將人體模型放到車子裡做撞擊測試，以測試汽車安全；利用風洞模型測試飛機風壓與高層建築的行人風場。

(4) 數學性模型：利用方程式或公式重建自然界物體的行爲，例如：排隊模型、線性規劃模型、混合整數線性規劃模型、系統模擬。

2. 以時間角度進行區分

(1) 動態與靜態：可以透過靜態模型表示眞實世界的景象；在動態的模型中，時間屬變異數。

(2) 連續與離散：時間在動態模型中是漸增、不斷改變還是微小的增長？例如：一台由上坡往下滑的玩具車屬於連續時間的物理模型，一般來說，微分方程式系統是連續時間模型，差分方程式是離散模型，時間可以改變，但是逐步增加（例如一秒、一天、一年），電影也可視爲是一離散模型，因爲每一個動作都是由獨立的影像組成，且在固定的時間拍攝。

3. 以空間角度進行區分

(1) 全域（Global）與地方（Local）性模型：因為空間尺度性的特性，在大尺度問題中，常假定空間裡的任何事物都具有同質性，不考慮它們的空間變異性，如：點模型（Point model）；在小尺度問題中，空間的變異性與變異過程則需納入系統模式中一併考量。以一個小湖泊作為盒子模型為例，湖泊被視為一個混合的容積，在這個混合的盒子裡濃度的空間梯度被忽視，決策者只在意營養物質及微生物群的濃度大小。在集水區的水文模型中，若以網格方式將集水區切分成 n 個小格子，則地表水會在這些格子內遷移，這些格子會被視為一個均質單元的方式處理。

(2) 連續與離散：與時間相同，空間也有連續及離散的特性。例如：繪畫與馬賽克，兩者都能表達空間的畫像而且距離感也相似，但近看比較下，繪畫所呈現的物體通常具有清楚的線條及顏色，是馬賽克無法表現的。微分方程式或偏導數方程式（Equations in partial derivatives）使用於連續形式化。

4. 從模式結構的角度區分

(1) 資料導向模型（Data-driven model）與仿真模型（Process-driven model）：在資料導向模型中，輸出項藉由數學方程式或物理設備與輸入項相連，當輸入項適當的被轉換成輸出項時，模式結構的重要性便降低。資料導向模型也被稱為黑盒子，因為資訊經常在封閉的設備內流動。在仿真模型中，獨立過程在模型中被分析並重新產出，但並不可能全部詳細描述，因為這樣就會失去模型的意義。仿真模型的結構被視為由數個黑盒子所組成，各個獨立的過程仍由封閉的設備或實證方程式表現。

(2) 簡易與複雜：簡易模型是為了簡化冗長的時間或較大的場域；複雜模型是為強調特別或特定的系統功能。

三、模式建立的程序

　　一個正確有效的模式分析結果，必須建立在正確的資料、合適的模式以及標準的分析程序上。亦即，資料的數量、採樣位置、採樣方法與分析品質必須正確且具代表性，模式的選擇也必須考慮環境條件的限制（如：地形條件、水流條件、氣流條件、時間限制、成本限制以及可用資料等）以及是否符合決策目標後決定。事實上，模式的建立是一個嚴謹而有條理的系統分析過程，主要包含：建立概念模型、建立數學模型、建立計算模型、率定（Calibration）與驗證（Verification）數學模型以及模式的不確定性與誤差分析等幾個步驟（如圖 6.7 所示）：

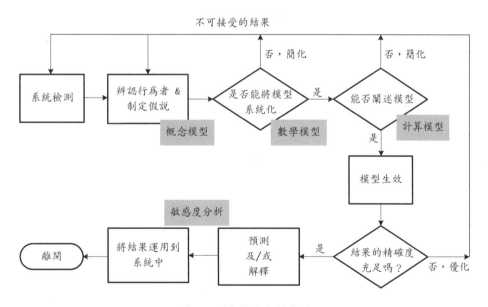

圖 6.7　模式建立的程序

1. 建立概念模型

　　眞實的環境系統是複雜的，考慮到建模和求解時的困難，適度的簡化環境問題可以降低建模和求解過程中可能遭遇的困難。分析者可以透過定義規劃目標、系統邊界、系統成員以及系統成員之間的關聯來達到系統簡化的目的。地下水抽水量管理策略爲例（Chen ，2010），如果研究區域的地下含水層如圖 6.8(a) 所示，爲了簡化環境系統，研究者將這個區域的地下含水層區分成自由含水層與受限含水層兩大類，並將整個地下含水層切割成 29 個水體物件，這些水體物間因爲空間位置與地下水的流動產生了彼此之間的關連。透過系統邊界、物件與關連的建立，便可將圖 6.8(a) 所示的環境實體簡化成如圖 6.8(b) 所示的概念模型。概念模型的建立會受到規劃目標以及選用的環境模式類型的影響，分析者須根據環境的各種限制適時地進行調整。

2. 建立數學模型

　　建立模式前必須先確認系統中的可控制變數／外在變數、狀態變數、關連方程式、參數與通用常數。爲了觀測或控制系統行爲，系統狀態變數需被有效定義出來，一般而言系統變數可區分成：可量測的狀態變數、不可量測的潛在變數（Latent variables）以及可控制變數等幾類，這些變數的資料取得將影響後續數學模式的選擇。爲了正確的、有效的確認這些系統變數，決策者可以根據問題的狀況、決策的目的以及系統的時間與空間邊界建立完整的系統模型，但爲了降低模式求解時所需要的時間與計算成本，決策者可以進行各種假設以簡化系統。以上述的地下水抽水量管理策略爲例，若決策者選擇以優化模型（Optimization model）爲工具，不造成沿海地區地層下陷爲環境限制條件，並以最大地下水抽水量爲決策目標，在這個目標與環境限制的前提下，可將上述的地下水抽水量管理策略問題改寫成如方程式（6.8）～（6.15）所示的數學問題，透過此數學問題的求解

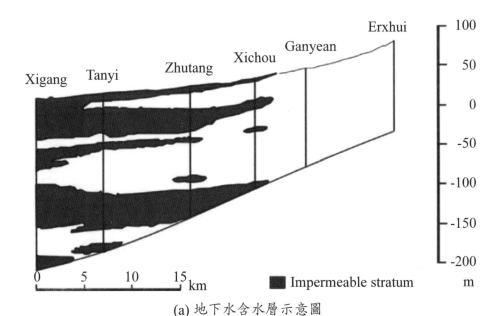

(a) 地下水含水層示意圖

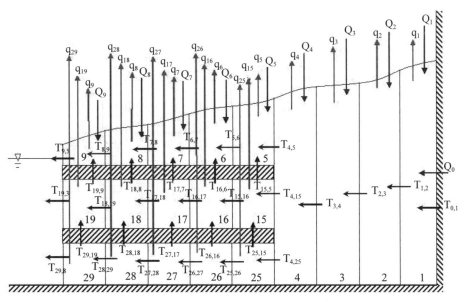

(b) 地下水流動的概念化模型

圖 6.8　地下水最佳化抽水模式

獲得不同區位的最大可抽水量。當然管理者也可以選用其他的環境模擬模式，來評估新增或減少抽水量對地下水位的影響，因為決策目的的差異所選擇的數學模型就會不同，選擇合適的數學模型是決策分析的重要步驟。

規劃目標：（地下抽水量最大化）

$$\text{Max A} \tag{6.8}$$

其中：A 表示研究範圍內地下水的總抽取量。

質量平衡限制式：

$$q_{ij} = p_{ij}A \tag{6.9}$$

其中：q_{ij} = 第 i 個垂直剖面第 j 個地下含水層的抽水量

　　　p_{ij} = 第 i 個垂直剖面第 j 個地下含水層的抽水比例

　　　j = 表示垂直剖面的數量

　　　i = 表示地下含水層位置，當 i = 0 時表示為自由含水層，當 i = 1

　　　　或 2 則分別表示為第一與第二受限含水層

$$\sum_{i}\sum_{j} p_{ij} = 1 \tag{6.10}$$

$$\frac{h_0 - h_{01}}{T_{0,01}} = Q_0 \tag{6.11}$$

$$\frac{h_{i(j-1)} - h_{ij}}{T_{i(j-1),ij}} + Q_{ij} - q_{ij} - \frac{h_{ij} - h_{i(j+1)}}{T_{ij,i(j+1)}} = 0 \quad i = 0; j = 1, 2, 3 \tag{6.12}$$

$$\frac{h_{03} - h_{04}}{T_{03,04}} + Q_{04} - q_{04} - \frac{h_{04} - h_{05}}{T_{04,05}} - \frac{h_{04} - h_{15}}{T_{04,15}} - \frac{h_{04} - h_{25}}{T_{04,25}} = 0 \tag{6.13}$$

$$\frac{h_{i(j-1)} - h_{ij}}{T_{i(j-1),ij}} + Q_{ij} - q_{ij} - \frac{h_{ij} - h_{i(j+1)}}{T_{ij,i(j+1)}} + \frac{h_{(i+1)j} - h_{ij}}{T_{(i+1)j,ij}} = 0 \quad i = 0; j = 5, 6, 7, 8 \tag{6.14}$$

$$\frac{h_{08} - h_{09}}{T_{08,09}} + Q_{09} - q_{09} - \frac{h_{09} - h_{s}}{T_{09,s}} + \frac{h_{19} - h_{09}}{T_{19,09}} = 0 \tag{6.15}$$

其中：Q_{ij}＝第 i 個垂直剖面第 j 個地下含水層的地下水自然補助量

h_{ij}＝第 i 個垂直剖面第 j 個地下含水層的水頭

$T_{i,uv}$＝表示摩擦係數，因為根據達西定律，相鄰的水井間，其地下水的流動可以標示為（h_{ij}-$h_{i(j+1)}$）/$T_{ij,i(j+1)}$

3. 建立計算模型

計算模型（Computational model）是指利用計算機科學來求解環境模型，或是藉由調整或觀察系統變數的變化，以了解系統變數如何影響模型預測的結果。透過大量的計算機模擬可以讓科學家在短期內進行上千次的模擬試驗，幫助研究人員找到解決問題的最佳參數組合或方案。目前常見的參數優化方法有下列幾種。除此之外，根據環境模式的不同會有各種不同的求解工具。如：求解優化模型的 Lindo 與 Lingo 軟體。

- 遺傳演算法（Genetic algorithms）
- 模擬退火法（Simulated annealing）
- 禁忌搜索（Tabu search）
- 登山法（Hill climbing）
- 梯度下降法（Gradient descent）
- 牛頓法（Newton's method）
- 拉格朗日乘數法（Lagrange multiplier）
- 蜜蜂演算法（Bee colony optimization）
- 螞蟻演算法（Ant colony optimization）
- 有限差分法（Finite differential method）

■ 有限元素法（Finite element method）

■ 邊界元素法（Boundary element method）

4. 率定與驗證數學模型

建立模式的目的是利用有限的、片段的量測資料去理解真實系統的運作狀況，並透過對系統的理解去推論整個系統的運作情況。例如，我們想知道一個受汙染土地某一個重金屬濃度的空間分布，因為時間和經費的關係，我們無法分析所有的土壤，僅能利用隨機或系統性抽樣的方式，取得有限樣本的重金屬濃度，最後利用空間內插或其他數學模式來推估整個受汙染土地的重金屬濃度分布。利用環境模式進行系統行為的推估，必然存在某種程度的誤差，這些誤差來自於系統的簡化過程、系統模式的選擇以及模式所使用的資料，系統誤差（System error）與隨機誤差（Random error）是最主要的兩種誤差來源。隨機誤差可以透過樣本數的增加以及實驗設計的方式來降低，系統性的誤差則必須透過校正與率定的方式來消除。

在建模過程中，模式的種類與變數的多寡會造成系統性的誤差，例如以線性系統表示非線性系統的行為特徵，雖然簡化後的線性系統容易解釋系統行為與求解，但也會因而產生無法避免的系統性誤差；另外，常發生系統性誤差的例子是利用單變量來解釋具有多變量特性的系統，因為解釋變異量降低造成系統輸出值得變異量增加而產生無法避免的誤差。環境模式的建立主要區分成兩個階段：1. 模式率定階段：目的是利用有限的樣本推估環境模式中的參數值；2. 模式驗證階段：利用模式率定階段所取得的函數與參數，預測未知的樣本點。兩個階段都無法避免誤差的產生，在一個複雜的數學模式中，需要避免過度訓練（Over-fitting）的情況發生，當過度訓練發生時容易在模式驗證（或應用）時發生較高的誤差。一般而言，模式率定與驗證階段之間的誤差關係可以圖 6.9 表示之，對於一個良

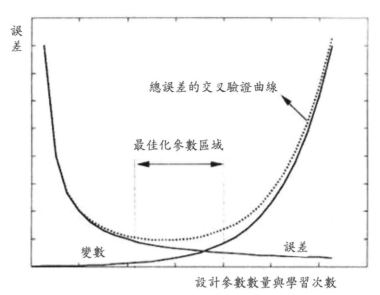

圖 6.9　訓練與驗證誤差關係

好的模式來說，會希望在訓練與測試階段的誤差總和最小，因此模式的複雜度、變數的個數以及訓練的次數應適中，才能增加模式的準確度與穩定度。目前常用的精確度（Accuracy）衡量方法，主要有平均絕對偏差、均方誤差、平均絕對百分比誤差等以下幾種，若以 MAPE 為例，MAPE 值小於 10% 可被歸類成高精確度，介於 10～20% 可被認為具有良好精確度，介於 20～50% 則可被認為具有合理的精確度，大於 50 則模式可認為是不準確的模式：

a. 平均絕對偏差（mean absolute deviation, MAD）

$$\text{MAD} = \frac{\Sigma \left|\text{實際值}_t - \text{預測值}_t\right|}{n} \qquad (6.16)$$

b. 均方誤差（Mean squared error, MSE）

$$MSE = \frac{\Sigma(實際值_t - 預測值_t)^2}{n-1} \qquad (6.17)$$

c. 平均絕對百分比誤差（Mean absolute percent error）

$$MAPE = \frac{\Sigma \frac{|實際值_t - 預測值_t|}{實際值_t} \times 100}{n} \qquad (6.18)$$

5. 模式的不確定性與敏感度分析

　　模式敏感度分析的目的是希望了解模型參數發生變動時，對模式分析結果的影響。一般而言，模型中的參數估計會影響模式的準確性甚至影響了模式的適用時機，敏感度分析（或不確定分析）的目的是協助決策者了解當參數估計有誤或參數因為系統環境發生變化而改變時，他所面臨的決策風險。一般而言，如果系統參數的變動不會造成評估結果的改變，則代表模型是可靠的；反之，則代表模型可能存在著風險。在解決模式參數的不確定性問題時，可以根據參數的不確定特性（如：隨機性、模糊性）選擇適當的不確定性分析方法，以數學規劃為例，常以隨機變數、模糊數（Fuzzy number）以及灰數（Grey number）的方式將參數的不確定直接納入數學模式中，也可以在模式求解完成後，利用蒙地卡羅模擬（Monte carlo simulation）等隨機抽樣方式進行參數的敏感度分析。

第三節　常見的環境模式

　　環境模式是一種模擬實地狀況的一種工具，它將環境問題概念化之後，透過數學與計算機科學的協助來解析與模擬各種環境現況並進行政策

方案的衝擊評估。環境模式的種類繁多，應用層面包羅萬象，例如：水質、空氣、海洋、溫室氣體、微氣候、行為科學乃至於社會經濟等各種不同的問題都有不同的模式可以參考和應用。本章節選擇環境評估中常見的空氣品質模擬與水體品質模擬模式為案例，介紹環境模擬模式的基本原理以及它們在環境現況評估與衝擊預測上的應用。

一、空氣品質模式

1. 空氣品質模式的功能與種類

空氣品質模式（簡稱空品模式）是將汙染物在大氣中傳輸、擴散、沉降、轉化、反應等效應以學理為基礎所建構出來的數學型式，它可以用來評估區域性的空氣品質現況以及研擬空氣品質的維護與管制對策。空氣品質模式經常被用於：排放管制的立法（如：各縣市空氣品質改善計畫）；不同排放管制策略的評比及政策管制成果的分析；汙染源設置、變更及操作許可評估；單一空氣汙染事件的分析與管制規劃；環境汙染來源解析與汙染責任歸屬判定；開發計畫環境影響評估等不同的問題中，因此空氣品質模式在環境空氣品質分析及管理上扮演重要的角色。

評估者應根據汙染物的物化特徵、環境地形與風場特性以及評估目的的差異選擇不同的空氣品質模式。除此之外，環境尺度也是決定空氣品質模式一個非常關鍵的因素，一般而言，我們可以將空間尺度（Scale）區分成：微型系統（Micro scale）、鄰里尺度（Neighborhood scale）、城市尺度（Urban scale）、區域性尺度（Continental scale）以及全球性尺度（Global scale）等不同大小的環境系統，在不同尺度的環境系統中，決策者所關注的問題也會有所不同，因此選擇空氣品質模式時必須考慮模式與問題尺度的對等性。亦即，應盡量避免利用一個大尺度的系統模式來模擬小尺度的環境系統，反之亦然。

■ 微型尺度（10～100 公尺）及中尺度（100～500 公尺）。如：氣味、微塵、交通及有毒汙染。

■ 鄰里尺度（500 公尺～4 公里）。如：汽車廢棄、家庭暖器／燃煤及主要工業的廢棄排放。

■ 城市尺度（4～100 公里）。如：臭氧、硫酸鹽／硝酸鹽、森林火災、區域性霧霾。

■ 區域性尺度（1,000～0,000 公里）。如：亞洲及撒哈拉沙漠的微塵、大規模的火災。

■ 全球尺度（大於 10,000 公里）。如：碳排放及溫室效應。

根據評估目的與汙染物特性的差異，目前常見的空氣品質模式主要區分成擴散模式（Dispersion model）、光化學模型（Photochemical model）、受體模型（Receptor model）等三大類，這三大類的特性與用途如下所述：

(1) 擴散模式（Dispersion model）

它是一種用來說明汙染物如何在大氣環境中擴散的數學模式，擴散模式以排放量以及氣象資料作為模式的輸入，它可被用來估計或預測汙染源下風處的汙染物濃度，擴散模式被廣泛的應用在與空氣品質有關的制度上，例如，國家空氣品質標準（National ambient air quality standards, NAAQS）、新設汙染源審議制度（New source review, NSR）以及預防空氣品質惡化（Prevention of significant deterioration, PSD）。擴散模式可區分成兩個層級。第一個層級的擴散模式，是由相對簡單的評估技術所組成，它們使用最惡劣的環境條件、保守的估算某一個特定汙染源對空氣品質的衝擊，這一層級的擴散模式也被視為是一種篩選模式，它們的目的是用來評估是否需要進一步使用更精密的模擬模式。若是篩選模式的評估結果發現這一個特定汙染源已明顯造成空氣品質惡化則需啟動第二層級的模式。第二種層級的擴散模式通常較為複雜，可以更精確模擬大氣物理與化學的

各種程序，它們通常需要更詳細、更精確的輸入資料以及更繁重的計算負荷，它們通常可以提供更準確的分析結果，有助於空氣品質問題的掌握。根據不同大小的空間尺度與顆粒特性，目前已發展出各種不同類型的空氣擴散模式，最常見的擴散模式有箱型模式（Box）、高斯煙流模式（Gaussian plume）、朗格日煙流模式（Lagrangian plume）、猶拉（Eulerian）網格模式、計算流體力學及高斯煙陣模式（Gaussian puff），它們可以用來模擬不同空間尺度下，不同排放源（點源、線源、面源）對空氣品質的衝擊，而街道峽谷作用、地形、十字路口、化學作用及上升煙流的影響也可以納入這些擴散模式的運作過程之中。

(2) 光化模式（Photochemical model）

運用汙染物濃度與氣體轉換間化學與物理反應程序，估算揮發性物質粒子與氣體間平衡，來模擬汙染物濃度在大氣間變化，模式可運用在微型尺度、鄰里尺度、跨國尺度與全球尺度等多種空間尺度。在現階段化學模式已被廣泛運用於常規性的監測與空氣汙染控制上。朗格日煙流模式（Lagrangian plume）、猶拉（Eulerian）網格模式皆已包含光化模式。Eulerian 模式包含箱型模式（Single box model）及多維度網格模型（Multidimensional grid-based model）兩種空品模式。以箱型模式來說，它著重在大氣的化學反應，忽略了空間尺度及大氣的垂直／水平擴散對實際情況的影響。網格（Grid）模式的假設雖較不嚴謹，但計算相對縝密，這些模式都將其所估算的區域分為各個垂直及水平的小單位，這將有利於模擬不同單位之間的相互作用與影響。

(3) 受體模型（Receptor model）

受體模式是一種鑑定與量化汙染物來源的數學或統計的程序。和光化模式與擴散模式不同的是，受體模式不需要汙染物排放量、氣象資料以及化學轉化機制等資訊，而是利用周界的汙染物濃度（Ambient concentration）以及汙染源的排放特性（如：氣態與粒狀汙染物的物理與化學特性）來估計一個或多個汙染源對特定受體位置的貢獻量。擴散模式與受體模式兩種模式具有互補性，是汙染減量與空氣品質管理的重要工具，受體模式協助決策者了解汙染源對周界空氣品質的影響程度，並進而擬定適當的減量策略，擴散模式則可用以預測減量策略的成效。一般而言，利用化學性或物理性分析（如：顯微分析、氣相層析、X-ray 光譜分析、碳 -14 與其他同位素分析等可以提供汙染物特性圖徵的分析方法）來確認汙染源貢獻量的方法皆可被稱為受體模式。但是若只有汙染物的特徵資料，而沒有統計或數學模型的協助，通常決策者只能利用定性的方式來描述汙染源與汙染物的關連，並無法量化汙染源的貢獻量，受體模式必須仰賴準確的數據，包含汙染物種類與特性的掌握、排放源與周界中的汙染物量測、汙染源數量與位置的掌握以及精準的汙染物分析。受體模式建立在汙染物化學組成的基礎上，因此特別強調測量的重要性，但在實務上，因為汙染源排放物的化學組成都非常相似，故汙染源貢獻量的判斷並不容易。由於大氣等外在條件會改變汙染源與受體間的關係，並影響化學成分的分布，所以變動的環境會影響採樣時間與地點的選擇進而改變分析結果，因此有效的採樣計畫對受體模式而言非常重要。表 6.4 整理了幾種常見的受體模式的優缺點。

2. 空氣品質模式的原理與應用

不同的空氣品質模式所需要的輸入參數及處理程序皆有所差異，主要可區分成數據輸入、數據處理、數據輸出以及數據分析等四大步驟（如圖 6.10 所示）。在資料輸入階段中，工作內容包含：汙染物背景濃度的調查、氣象條件與地形資料蒐集與前處理、建立受體網格以及汙染源排放量估算等幾大類的處理內容。除了輸入資料的正確性外，空氣擴散模式的選擇也會決定模擬結果的可信度，因此在資料處理階段，必須選擇合適的模

表 6.4　受體模式簡介

模式	目的	優點	缺點
化學質量平衡法（Chemical mass balance, CMB）	・推估污染源種類及樣本的貢獻量 ・不確定性污染源及計算濃度反映的誤差 ・採樣期間及地點反映會結果同尺度	・有軟體且亦於操作 ・將主要的污染源貢獻量量化（透過元素、離子及碳） ・將次要污染源貢獻量量化（透過有機化合物） ・輸入數據、污染源組成資料的不確定性及貢獻量化 ・的不確定性，則可透過化學轉換模式估算單一污染源 ・當污染源資料時間長短時，則可透過貢獻量將單一污染源貢獻量量化	・完全兼容的污染源計算通常無法適用 ・主觀設定所有的污染源與預先選擇的物種相符 ・不直接辨識新的或未知的污染源 ・不適合用於二次衍生污染物 ・當污染源沒有特殊成分差時，容易產生共線性問題
Unmix	・物種之濃度	・無須事先知道污染源的組成及數量 ・可以獨立決定污染源的數量	・不計算不確定性 ・較難認定為零（貢獻度廣泛的降到零）、罕見的及相關性較小（貢獻度小於 10%）的污染源
正矩陣因子法（Positive matrix factorization, PMF）	・物種濃度及不確定性	・無須事先知道污染源的組成及分配 ・透過不確定性的測量、分配數據的權重 ・不需將某些計算亦能為零，亦適用在資料組成缺少污染源的區域	・需知道污染源的數量方能模式運作 ・假設污染源的組成不隨時間改變

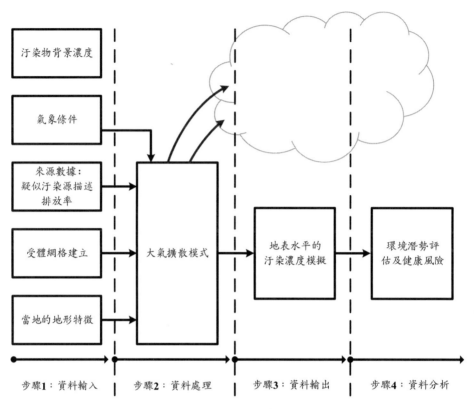

圖 6.10　空氣品質模式模擬程序

式並進行模式參數的率定工作以確保模式輸出的正確性與代表性。一般而言，模式的選擇需要考慮到模式學理的限制、模式的可信度（精確度與精密度）、操作的難易度、電腦計算時的資源需求、成本、軟體的可得性以及使用者介面的友善性程度來決定之。行政院環保署為了確保空氣品質模擬模式的正確使用，於民國 87 年公告「空氣品質模式評估技術規範」，並於規範中要求選擇模式時必須參考：模擬區域其氣象及地形特性、開發行為之特性、模式之限制條件等特性進行模式選擇。其中，擴散模式大多應用於固定汙染源排放許可的申請業務上；光化模式則用常在空氣品質（排放量）管理計畫上。我國則依排放量的規模大小將空氣品質模式分為

高斯擴散模式、軌跡模式及網格模式。這幾類常見的空氣品質模式它們的適用條件與優缺點分別列於表 6.5 與表 6.6 之中。

表 6.5　空氣品質模式與適用條件

建議單位	模式名稱	模式類別	模式適用條件
空氣品質模式評估技術規範	BLP	高斯煙流模式	煉鋁工廠及點源、線源、簡單地形、鄉村地區，小時至年平均值之濃度預測
	CALINE3/CALINE4	高斯煙流模式	交通運輸（高速公路）、簡單地形[註1]、鄉村或都市地區，一小時至二十四小時之汙染物濃度預測
	CDM2.0	高斯煙流模式	點、線源、平坦地形[註2]、都市地區，長時間（一個月以上）之濃度預測
	RAM	高斯煙流模式	點、面源、平坦地形、都市地區，小時到年平均值之濃度預測
	MPTER	高斯煙流模式	點源、簡單地形、鄉村或都市地區，小時至年平均值之濃度預測
	CRSTER	高斯煙流模式	單一點源、簡單地形、鄉村或都市地區，小時至年平均值之濃度預測
	UAM	網路模式	三維數值光化學網路模式，都市地區臭氧問題之模擬，只能模擬小時平均值
	OCD	高斯煙流模式	海岸地區汙染源之模擬，為個案式的模擬
	EDMS	高斯煙流模式	評估軍用飛機基地及一般飛機場的汙染物擴散模擬，可用來模擬固定油槽等點源及移動性汙染源、簡單地形、傳輸距離小於 50 公里，小時至年平均值之濃度預測

表 6.5　空氣品質模式與適用條件（續）

建議單位	模式名稱	模式類別	模式適用條件
空氣品質模式支援中心	CTDMPLUS	穩態點汙染源模式	複雜地形[註3]之高斯點源模擬、鄉村或都市地區，小時至年平均值之濃度預測
	ISC2/ISC3	高斯煙流模式	點、面、線、體源、平坦或簡單地形、鄉村或都市地區，小時至年平均值之濃度預測
	AERMOD	高斯煙流擴散模式	與 ISCST3 相仿，包含：氣象前處理程式 AERMET+ 顯著影響高度 AERMAP+ 地表特性 AERSURFACE+ 建築物資料 BPIPPRIME，簡單與複雜地形
	GTx	軌跡模式	所有汙染物沿著軌跡線對受體點所造成的貢獻濃度，模擬汙染物有 PMc、PMf、CO、SO_2、NOx、Sulfate、Nitrate，並可算軌跡線混合層高、蒸發熱、穩定度、氣溫等，可考慮乾沉降機制及洗滌效應
	TPAQM	軌跡模式	為了臭氧（O_3）汙染問題所發展的模式，點源、線源（移動源）、人為面源與生物面源
	TAQM	網格模式	核心程式為化學傳輸模式，可模擬大氣對流層中空氣汙染物重要的物理及化學程序與臭氧問題之模擬
	CAMx	網格模式	模擬範圍可從城市至區域大尺度，可模擬原生性與反應性汙染物、臭氧、PAN，以及硫酸鹽、硝酸鹽、銨鹽、有機碳及原生性懸浮微粒等，汙染物乾濕沉降通量

註 1：簡單地形：係指地形高度均小於煙囪高度者。

註 2：平坦地形：平坦地形係指完全沒有顯著地形起伏者。

註 3：複雜地形：係指地形高度會高於煙囪高度者。

表 6.6　常用空氣品質模式類別、優缺點與適用條件

模式類別	基本假設與限制條件	優點	缺點	模式名稱	模式適用條件
高斯煙流模式	・穩定及均勻風場之假設，故較能模擬小範圍、地形簡單之區域 ・無法計算化學反應，故僅能模擬惰性汙染物	・容易使用，可作長期評估 ・已有豐富的使用經驗，一般而言，與實驗室之結果相當吻合 ・具有極大的彈性，容易加以修改以適合不同的情況	・無法考慮風速、風向在不同時間或地點改變的情形，因此不適合於長距離傳送使用	BLP*	煉鋁工廠及點源、線源、簡單地形、鄉村地區，小時至年平均值之濃度預測
				CALINE3*/CALINE4*	交通運輸（高速公路）、簡單地形[註1]、鄉村或都市地區，一小時至二十四小時之汙染物濃度預測
			・無法考慮或意外情況排放或意外時擴散的情形	CDM2.0*	點、線源、平坦地形[註2]、都市地區，長時間（一個月以上）之濃度預測
			・無法用於不均勻的地形 ・無法考慮靜風的或幾乎靜風的情況	RAM*	點、面源、平坦地形、都市地區，小時到年均值之濃度預測
			・無法考慮垂直風切的效應	MPTER*	點、線源、平坦地形、鄉村或都市地區，小時至年平均值之濃度預測
				CRSTER*	單一點源、簡單地區、鄉村或都市地區，小時至年平均值之濃度預測

表 6.6　常用空氣品質模式類別、優缺點與適用條件（續）

模式類別	基本假設與限制條件	優點	缺點	模式名稱	模式適用條件
高斯煙流模式				OCD*	海岸地區污染源之模擬，為個案式的模擬
				EDMS*	評估軍用飛機基地及一般飛機場的污染物擴散模擬，可用來模擬固定油槽等點源及移動性污染源、簡單地形、傳輸距離小於50公里，小時至年平均值之濃度預測
				ISC2*/ISC3*	點、面、線、體源、平坦或簡單地形、鄉村或都市地區，小時至年平均值之濃度預測
				AERMOD	與ISCST3相似，包含：氣象前處理程式AERMET+顯著影響高度AERMAP+地表特性資AERSURFACE+建築物與料BPIPPRIME，簡單與複雜地形

表 6.6　常用空氣品質模式類別、優缺點與適用條件（續）

模式類別	基本假設與限制條件	優點	缺點	模式名稱	模式適用條件
高斯煙流模式				CTDMPLUS*	穩態點汙染源模式，複雜地形[註3]或都市地區、鄉村小時至年平均值之濃度預測
軌跡模式	・忽略垂直風速，假柱狀氣流隨著水平氣流移動，無垂直風切，因此能水平擴散，因此能與實際風場差異甚大 ・模式較為簡易，電腦資源需求較少，因此可執行長時間模擬	・能對複雜地形地區的擴散作比較詳細的模擬 ・PIC（Particle-in-cell）法可以得到三維濃度場的分布 ・沒有數值延散的困擾	・需要追蹤大量質點的運動，需要大量的計算機時間 ・需要大量而且複雜的輸入資料 ・不容易考慮複雜的非線性反應	GTx	所有汙染物沿著軌跡線受體質點所造成的貢獻濃度，模擬汙染物有 PMc、PMf、CO、SO_2、NOx、Sulfate、Nitrate，並可算軌跡線混合層高、蒸發熱、穩定度、氣溫等，可考慮乾沉降機制及洗滌效應
				TPAQM	為了臭氧（O_3）汙染所發展的模式，點源、線源（移動源）、人為面源與生物面源

表 6.6　常用空氣品質模式類別、優缺點與適用條件（續）

模式類別	基本假設與限制條件	優點	缺點	模式名稱	模式適用條件
網格模式	・可以考慮之物理化學機制最為完整，並含有最少之假設 ・電腦資源需求較大，因此僅常用於數天之汙染事件之模擬	・包括傳送、擴散、排放、沉降等反應均能考慮 ・能得到複雜的三維濃度場 ・能考慮非線性的化學反應	・需大量的計算機儲存位置和時間 ・需大量的輸入資料 ・數值延散和擴散的困擾 ・次網格（sub-grid）擴散的處理	TAQM	核心程式為化學傳輸模式，可模擬大氣對流層中空氣汙染物重要的物理及化學程序與臭氧問題之模擬
				CAMx	模擬範圍可從城市至區域大尺度，可模擬原生與反應性汙染物、臭氧、PAN 以及硫酸鹽、硝酸鹽、銨鹽、有機碳、及原生性懸浮微粒等汙染物乾濕沉降通量
				UAM*	三維數值化學網路模式，都市地區臭氧問題之模擬，只能模擬小時平均值

*：「空氣品質模式評估技術規範」認可之模式。

註1：簡單地形：係指地形高度均小於煙囪高度者。

註2：平坦地形：係指地形高度係指完全沒有顯著地形起伏者。

註3：複雜地形：係指地形高度會高於煙囪高度者。

　　若以高斯擴散模式（Gaussian diffusion model）為例說明汙染物在空氣介質中的傳輸與擴散現象，則汙染排放量（Q）與受體濃度（C）的關係式可以方程式（6.19）表示之。汙染物藉由空氣介質的延散（Dispersion）與擴散（Diffusion）作用或地表的反射作用進行稀釋（或累積），並在不同的受體位置上呈現不同的濃度。圖 6.11 為高斯擴散模式的煙流擴散狀況，決策者在輸入汙染排放量以及氣象資料後，就可以利用它來描述單一汙染源排放時，汙染物的空間分布狀況。

$$C(x, y, z) = \frac{Q}{2\pi u \sigma_y \sigma_z} \left\{ \exp\left[\frac{-(z-h)^2}{2\sigma_z^2}\right] + \exp\left[\frac{-(z+h)^2}{2\sigma_z^2}\right] \right\} \left\{ \exp\frac{-(y)^2}{2\sigma_y^2} \right\} \quad (6.19)$$

其中：

　　　　C＝順風處（x, y, z）的汙染濃度函數值（μg/m³）

　　　　Q＝點源汙染物之排放率（g/s）

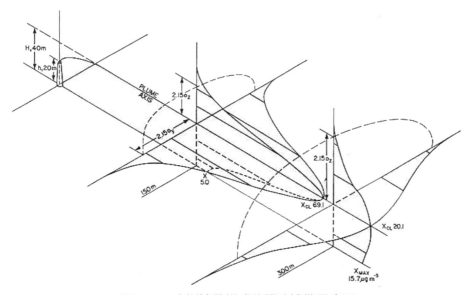

圖 6.11　高斯擴散模式的煙流擴散示意圖

u = 在有效高度（Effective release height）下所測得的風速（m/s）

$\sigma_y\sigma_z$ = 側風向及垂直風向濃度分布之擴散係數（m）

H = 煙囪的有效高度（m）

$$\left\{\exp\left[\frac{-(z-h)^2}{2\sigma_z^2}\right]+\exp\left[\frac{-(z+h)^2}{2\sigma_z^2}\right]\right\} = \text{地面上真實汙染源及由地面反射回來的汙染源擴散濃度}$$

$$\left\{\exp\frac{-(y)^2}{2\sigma_y^2}\right\} = \text{水平面上的擴散情況}$$

案例 6.2

　　若一環境管理師想了解一個新設鋼鐵廠對鄰近區域可能造成的環境衝擊，若他選擇高斯擴散模式作為汙染擴散模擬的工具，則他可以根據圖 6.11 所示的程序進行分析。

解答 6.2

步驟一：環境邊界與物件的確認

　　鋼鐵廠附近皆為平地以及些許社區，如圖 6.12 所示，其中社區間的最小距離為 200m。從過去到現在的環境資料顯示出此區域的鐵背景濃度為 22～24.5ppm，並根據當地過去的風速風向資料顯示，此區域風場皆無高風速及特定風向，其平均風速為 3m/s，因此在此案例中其環境

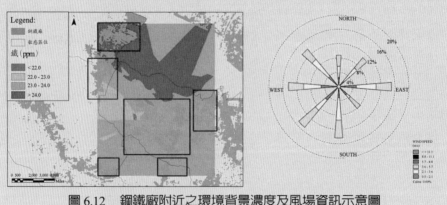

圖 6.12　鋼鐵廠附近之環境背景濃度及風場資訊示意圖

邊界先選定以 3km 為方圓探討其汙染狀況。並假設當地法規規定 Fe 濃度不可以超過 26ppm。

步驟二：環境背景資料分析

　　為了了解鋼鐵廠排放的汙染對當地周遭民眾的身體危害，其鋼鐵廠之排放管道相關資訊及參數如表 6.7 所示，而當日之氣象條件如表 6.8 所示。為了利用高斯擴散模式進行模擬，則必須先了解公式的參數，並且進行找出相關資料，其中有效煙囪高度，其計算方法為：

$$有效煙囪高度 = 固定煙囪高度 + 地表高程 + 煙所衝出的高度$$

　　在本案例中，其值為 131.40m。當得知有效煙囪高度後，接著則要探討每一小時氣象的大氣穩定度，從圖 6.12 來看，發現其中風速值皆小於 5m/s 及對應到大氣穩定度的圖 6.13(a) 及圖 6.13(b)，可算出每一距離之大氣穩定度。

表 6.7　煙道分析結果及參數表

汙染物質及參數	測值	汙染物質及參數	測值
汙染物排放量（$\mu g/Nm^3$）	5500	地表高程（m）	12
汙染物分子量	58.7	衝出的高度（m）	96.39629
煙道面積（m^2）	15.9043	煙流向上排放流速（m/s）	10.86
大氣壓力（mmHg）	765	周遭月平均溫度（℃）	23.45
煙道口溫度（℃）	87.11	煙囪直徑（m）	4.5
固定煙囪高度（m）	23	風速（m/s）	1.4

表 6.8　氣象資料表

日	氣溫	雨量	風向	風速
1	22	0	35	1.4
2	22	0	27	1.8
3	21	0	299	2.2
4	21	0	307	1.7
5	21	0	28	1.2
6	21	0	330	1
7	21	0	32	1.6
8	23	0	38	1.6
9	25	0	6.5	1.2
10	27	0	301	1.2
11	28	0	200	1.5
12	29	0	13	1.1
13	29	0	265	3.8
14	29	0	307	2.6
15	29	0	300	2.9

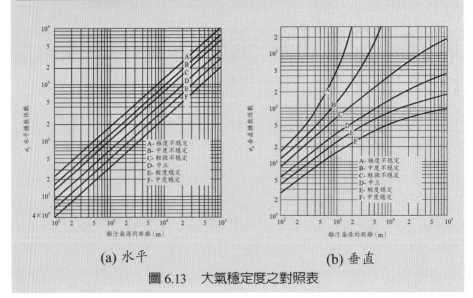

(a) 水平　　　　　　　　(b) 垂直

圖 6.13　大氣穩定度之對照表

步驟三：增量與環境衝擊分析

　　當資料完備後，即可代入高斯擴散模式，進行汙染物質擴散模擬，其結果如圖 6.14 所示。從結果來看，可發現較嚴重的區域位於鋼鐵廠之周界。由於圖 6.14 代表的是鋼鐵廠排放至大氣中的增量，為了解當地的環境潛勢及探討汙染源所排放的物質是否會影響到當地民眾之生活，我們可將圖 6.14 結合圖 6.12 的背景濃度進行套疊，如圖 6.15 所示。從圖 6.15 來看，可以發現到汙染源附近的汙染物濃度特別高且愈靠近廠房部分則有超過法規標準的現象，反觀在較遠地區則較無受到汙染源影響。

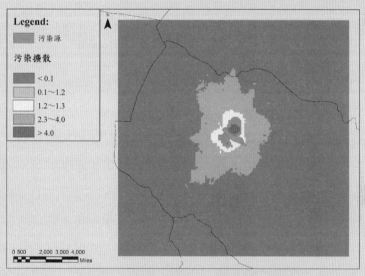

圖 6.14　當地區域之汙染擴散模擬圖

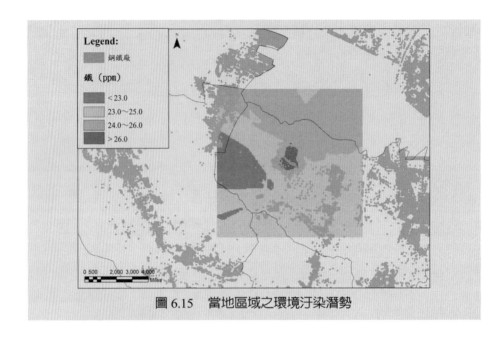

圖 6.15　當地區域之環境汙染潛勢

二、水質模式

　　水質模式是一種被廣泛應用於水質管理及汙染控制的有效工具，也是環境評估問題中常見分析工具。美國環保署將與集水區評估及總量管制發展有關的水質模式（Shoemaker et al.，1997）分成「集水區負荷模式」、「承受水體模式」及「生態評估模式」三大類。其中，集水區負荷模式是用來模擬自汙染源至承受水體汙染物之產生及移動，其用於預估各種不同土地利用型態之地表所產生的水體汙染量；承受水體模式則是模擬汙染物經過湖泊、溪流、河川、河口及近岸區域時之運動及轉化，部分模式亦包括優養化程序之模擬，其特別強調水體對汙染物、流量及周遭條件之衝擊。可用於決定氮、磷等營養鹽的涵容能力，以防止加速湖泊之優養化發生，而汙染負荷模式則可用於估計汙染源可能排出之汙染量，並評估各項管制策略對汙染削減之潛勢。

　　水質模式的分類方式很多，若依據模式複雜之程度可分為簡單模式

表 6.9　模式能力評估——穩態水質模式

	EPA SCREENING	EUTROMOD	PHOSMOD	BATHTUB	QUAL2E	EXAMSII	TOXMOD	SMPTOX4	TPM	DECAL
水體型態										
河流	●	-	-	-	●	●	-	●	-	-
湖泊／水庫	●	●	●	●	○	-	●	●	-	-
河口	●	-	-	-	◖	-	-	-	●	-
海岸	-	-	-	-	-	-	-	-	-	●
自然特性										
對流	●	-	-	●	●	●	-	●	●	●
延散	●	-	-	●	●	●	-	●	●	●
粒子宿命	○	○	○	○	-	○	○	●	●	●
優養	●	●	●	●	●	-	-	●	●	●
化學物質宿命	●	-	●	○	○	●	●	●	○	●
沉澤-水交互作用	○	○	◖	○	○	◖	◖	◖	●	◖
外部負荷-動態	●	●	●	●	●	●	●	●	●	●
內部非點源負荷計算	-	●	●	-	-	-	-	-	●	-
使用者介面	-	●	●	○	○	●	●	●	-	○
說明文件	●	●	●	●	●	●	●	●	●	●

● 高　◖ 中　○ 低　- 無

資料來源：Shoemaker et al.，1997。

（Simple model）、中尺度模式（Mid-range model）及詳細模式（Detailed model）。在模擬的尺度大小方面，某些模式整合了整個集水區之汙染負荷，進行全流域之汙染分析，亦有部分模式設計用於較小之區域性汙染量推估或支援最佳管理方案之評選。若從水動力的角度來看，則可區分成簡單的經驗模式（Empirical model）、水動力模式（Hydrodynamic model）、穩態模式（Steady state model）及動態模式（Dynamic model）等不同類型。因此在模式選擇上，必須考慮硬體設備的適用性、使用者對模式的了解程度、長期相關研究的需求、模式使用的經驗、模式的可信度與支援性以及模式的接受度等方面綜合考量。以承受水體模式中常見的穩態模型爲例（Shoemaker et al.，1997），決策者可以根據評估環境的水體型態以及自然特性進行模式的選擇。跟空氣品質模式一樣，水質模式也分成輸入資料的前處理、模式選擇與分析、模式輸出與模式數據分析等四個階段。河川水質評估模式的使用，也應考量模擬區域其水文及流域特性、開發行爲及區域環境之特性、模式之限制條件三項因素來選擇適當的水質模式。行政院環保署於民國100年公告「環境影響評估河川水質評估模式技術規範」，建議了不同水質模式的適用條件（如表6.10所示）。

表 6.10　水質模式與適用條件

建議單位		模式名稱	模式適用條件
河川水質評估模式技術規範	-	質量平衡公式	・承受水體：排水路、缺乏水理資料的小型河川 ・放流水：放流水水量小於承受水體設計流量的百分之十 ・汙染源：點源、非點源
	水環境研究中心	BASINS（HSPF+QUAL2E）	・承受水體：自來水水質水量保護區、 ・汙染源：點源、非點源 ・汙染物屬性：沉積物（SS）*、有機物（BOD）*、營養鹽（NH_3-N, TP）*
		HSPF	・承受水體：位於自來水水質水量保護區 ・汙染源：非點源 ・汙染物屬性：沉積物（SS）*、有機物（BOD）*、營養鹽（NH_3-N, TP）*
		QUAL2E/ QUAL2K	・承受水體：屬於為甲類、乙類及丙類水體河川 ・汙染源：點源 ・汙染物屬性：有機物（BOD）*、營養鹽（NH_3-N, TP）*
	-	SWMM	・承受水體：不拘 ・放流水：工廠或工業區地表逕流 ・汙染源：非點源 ・汙染物屬性：沉積物（SS）*、有機物（BOD）*、營養鹽（NH_3-N, TP）*
		WASP	・承受水體：屬於為甲類、乙類及丙類水體河川 ・汙染源：點源 ・汙染物屬性：有機物（BOD）*、營養鹽（NH_3-N, TP）*

*：括弧中僅列舉部分汙染物項目，非模式限制項目。

📖 問題與討論

1. 請說明何謂「非點源汙染」（Nonpoint source pollution），請舉三個例子說明，且每一個例子提出一個減輕汙染的對策。（93 年環境工程高考三級，環境規劃與管理，25 分）

2. 埔里及屏東的空氣曾監測到不佳的環境品質，但二個地區都沒有重大的空氣汙染源，請說明為什麼？試舉一個可改善空氣汙染經濟誘因策略，並說明這個策略為何具經濟誘因（亦即什麼情形下有效），並說明在何種情形下這個策略不具經濟誘因。（95 年環保行政、環境工程、環保技術地方特考，環境規劃與管理，25 分）

3. 請簡述（一）水汙染〔總量管制〕及此政策是要改善哪種法規的什麼缺點；（二）涵容能力；（三）為何排放源位置不同會影響涵容能力之推估。（96 年環保行政、環保技術普考，環境規劃與管理概要，25 分）

4. 請舉例說明空氣汙染之主要移動汙染源（Mobile sources），相關主管機關可採行哪些鼓勵措施或誘因機制，以降低移動汙染源之環境衝擊，請簡要說明你的看法。（97 年環保行政、環境技術普考，環境規劃與管理概要，25 分）

5. 「環境決策」為環境規劃與管理之上位與重要工作，而常用的環境決策型式有「確定型決策」、「風險型決策」、「不確定型決策」與「序列型決策」，試輔以案例說明採用上述不同環境決策型式對環境規劃與管理之後續影響與差異。（98 年環工技師高考，環境規劃與管理，25 分）

6. 試說明如何以風險評估方法評估一種化學物質對健康與環境的衝擊；而評估之後，可以提供哪些資訊或建議給決策者？（102 年環保技術高考二級，環境規劃與管理，25 分）

7. 行政院環境保護署為落實水汙染防治法，特訂推動水汙染總量管制作業規定。而該作業規定揭櫫針對優先實施總量管制之水體，應擬訂其

汙染總量管制計畫，且水質模擬模式列為該管制計畫中應包含項目內容之一。而河川水質評估之水理模式（Hydrodynamic model），一般用於模擬感潮河川之水位及流場變化。假設某一感潮河川流場可依據以下一維度 Saint-Venant「連續方程式（Continuity equation）」(1) 及「動量方程式（Momentum equation）」(2)，再分別簡化為方程式 (3) 及 (4)。其中，x 代表 X 軸向卡氏座標距離（L）、t 代表時間（T）、g 代表重力加速度（L/T^2）、S_0 代表河段底床無因次坡度（Bottom slope）、Q 代表河段流量（L^3/T）、A 代表河段斷面積（L^2）、h 代表河段水位或水深（L）、u 代表河段流速（L/T）、n 代表河段曼寧粗糙係數（Manning's roughness coefficient, T/L$^{1/3}$）、S_f 代表河段無因次摩擦坡度（Friction slope），且可簡化為該河段 h、u 與 n 之已知函數型式。

(1) $\dfrac{\partial Q}{\partial x} + \dfrac{\partial A}{\partial t} = 0$

(2) $\dfrac{1}{A}\dfrac{\partial Q}{\partial t} + \dfrac{1}{A}\dfrac{\partial}{\partial x} + \left(\dfrac{Q^2}{A}\right) + g\dfrac{\partial h}{\partial x} - g(S_0 - S_f) = 0$

(3) $\dfrac{\partial h}{\partial t} + \dfrac{\partial(u \times h)}{\partial x} = 0$

(4) $\dfrac{\partial h}{\partial t} + g\dfrac{\partial h}{\partial x} - g(S_0 - S_f) = 0$

(一)依據行政院環境保護署「環境影響評估河川水質評估模式技術規範」，河川水質評估模式之使用，應考量哪三項因素？試說明之。此外，試就河川之「穩態（Steady）」、「非穩態（Unsteady）」、「均勻（Uniform）」、「非均勻（Non-Uniform）」等流場條件，討論方程式 (2) 之簡化形式應為何？（104 年環保行政、環保工程高考三級，環境規劃與管理，10 分）

(二)若將模擬之感潮河川劃分為諸多河段網格，且不考慮數值解之穩定、收斂條件下，針對方程式 (3) 及 (4)，試應用數值分析定

網格（Uniform grid）「有限差分法（The finite difference method, FDM）」中之外顯式（Explicit）「FTCS（Forward-Time Central-Space）」方法說明，為何在給定所需河段水理參數（例如 S_0、n）及適當上游邊界條件（Boundary condition, BC）、下游邊界條件（例如利用潮汐調和分析（Harmonic analysis）模擬或實際量測之潮位資料）、初始條件（Initial condition, IC），則可求解各河段流速（u）及水位（h）之動態變化情形？（104 年環保行政、環保工程高考三級，環境規劃與管理，15 分）

chapter 7

多介質評估與環境風險管理

第一節　綜合性衝擊評估概念

　　大部分的汙染物會隨著物質與能量流在不同的環境介質中流動，傳遞的過程中，汙染物質會因為物理、化學或生物的機制，在不同的環境介質中發生沉積、分解與轉化的作用，汙染物會利用不同的環境介質進行傳遞。在各種物理、化學或生物反應的介入下，汙染物在傳遞過程中不斷的被放大、稀釋、累積或延遲。這種因為傳遞路徑不同所造成的衝擊量變化，在真實的環境系統中是常見的，因此在複雜環境系統中的評估問題，衝擊量的估算不能僅考慮短期性、直接性的影響，而必須考慮衝擊量傳遞過程的非線性與動態性的影響。例如：除了評估空氣汙染物對某一個特定受體的直接影響外，也需考慮空氣汙染物經由雨水沖刷後進入表面水體，以及經由表面水體再進入土壤與地下水介質後，對該特定受體的影響。

　　生命週期評估（Life cycle assessment, LCA）、物質流分析（Material flow analysis, MFA）與多介質模擬（Multi-media modeling）是環境評估中常見的系統評估工具，生命週期評估將產品或服務的生命歷程區分成原料、材料處裡加工、生產組裝、運送、使用與廢棄等不同階段，並估算產品或服務在不同階段可能產生的環境衝擊；物質流與能量流分析則從質量與能量守恆的概念，分析物質與能量在流動過程的轉化，並藉此分析流動過程可能產生造成的環境衝擊，無論生命週期評估或是物質流分析，它們都是一種系統化分析的概念，讓衝擊分析不再是點對點的分析（汙染源與受體），而是從系統演變與關聯的角度更全面性的分析政策方案與開發行為對環境的影響。多介質模擬模式則同時包含了生命週期評估與物質流分析的概念，而一個完整的多介質模式應該包含不同的生命歷程，也必須了解汙染物隨著物質和能量流動的轉化過程以及每一個過程對環境的衝擊。無論是生命週期評估、物質流分析或是多介質模擬，系統分析的流程都必須包含以下幾個步驟：

一、開發行為的內容與汙染行為的描述

　　一個重大的政策方案或開發行為，它的影響時間長、影響的範圍也較大，由於衝擊評估的內容與結果與系統邊界的大小有關，而系統邊界的設定又取決於政策方案或開發行為的內容。因此進行綜合性評估前，必須針對開發行為的內容進行分析，確認是否需擴大評估範圍並延長評估期限。以健康風險評估為例，依據以現行「健康風險評估技術規範」的規定，進行健康風險評估作業前，並需先針對開發行為的健康危害風險進行鑑識，確認的內容包括了：危害性化學物質種類、危害性化學物質之毒性（致癌性、包括致畸胎性及生殖能力受損之生殖毒性、生長發育毒性、致突變性、系統毒性）。為了了解汙染物質的各種化學、生物資料，以確認這些物質是否會引起致癌作用或其他健康效應，決策者可以進行實驗室分析或利用行政院環境保護署「化學物質毒理資料庫」、行政院勞工安全衛生研究所「物質安全資料表資料庫」、行政院勞工安全衛生研究所「物質安全資料表資料庫」、美國環保署整合性風險資料系統、國際癌症研究署以及美國毒理學網路等常見的資料庫來確認物質的毒性效應，以危害性鑑識的方式來確認開發行為是否會產生健康風險危害。

二、影響的範圍

　　評估的範疇會影響評估所選用的工具、評估所需要的資料以及最後的評估結果，因此範疇界定是所有評估工作的基礎與必要工作。從產品生命週期的觀點來看，評估的時間範疇應該包含原料、製造、運輸、安裝、使用、維護與廢棄等不同的階段，衝擊分析時必須估算在不同階段中每一個程序在投入、處理與產出過程可能帶來的環境衝擊（如圖 7.1 所示）。

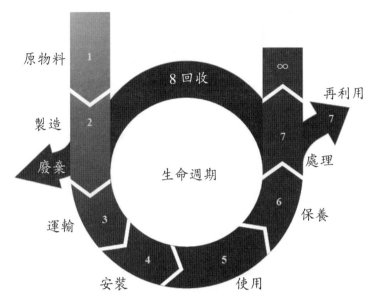

圖 7.1　產品生命週期概念示意圖

　　除了評估的時間範圍外，界定評估的內容範疇也是評估程序的重要內容，如圖 7.2 所示，若以評估時間的長度以及影響對象的範圍來界定評估問題的重點，則評估的內容可以從小尺度的環境工程與汙染防治，逐步擴展到綠色設計與綠色工廠乃至於產業生態到永續發展等大尺度的環境評估問題。在健康風險評估問題中，依據以現行「健康風險評估技術規範」的規定，健康風險評估的範圍應依據空氣品質模式模擬規範所規定的內容認定之。但不得小於十公里乘十公里之區域面積；經由放流水排放至承受水體者，應以放流口以下之承受水體流域為範圍。事實上，因為物質與能量會在不同的介質中轉化，因此影響範圍的認定必須根據評估對象的流動狀態以及衝擊的傳遞方式來決定，比較困難的是如果評估的對象是一個開放性的系統，系統內、外有頻繁的物質與能量交換，則評估系統的範圍會難以確認，例如，進行健康風險評估時，如何界定受汙染食物的食用對象是

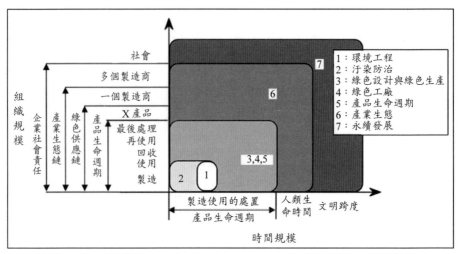

圖 7.2　評估的內容範疇與評估重點（Stewart Coulter et al., 1995）

在評估系統之內，以及如何評估受汙染食物外運所造成的健康損害都是一個非常棘手的問題，對於半開放或封閉的系統，則影響範圍的確認便相對容易。例如，評估河川水生生物的健康風險，因爲在這個半開放的環境系統中，汙染源與環境受體之間的關係容易被確認出來。

三、影響對象的界定與方式

評估的範疇會決定評估的內容、使用的工具以及資料分析的方式，進行綜合性環境評估時必須先確認評估範疇與評估對象，並以評估對象爲標的設立各項評估指標，配合評估指標的內容與屬性，選擇合適的定性與定量工具進行衝擊評估作業。以海岸濕地的生態功能與經濟效益評估爲例，決策者可以利用物質流、能量流、資訊流、金流與人流的方式分析濕地與鄰近環境的互動關係，以進一步界定受濕地生態功能影響的環境系統。以圖 7.3 爲例，進行評估時，先確認生物質量在生物鏈的移動狀況，以及這些移動造成生物多樣性、棲地環境以及生物質收成的變化，並估算這些變

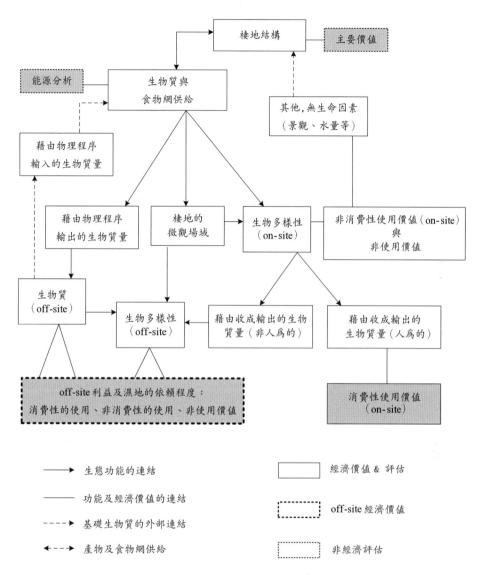

圖 7.3　生態功能及經濟價值

（資料來源：Economic valuation of water resources in agriculture, pp. 24）

化所延伸出來的使用與非使用經濟價值。經過影響對象的界定與逐次的經濟價值估算，便可估計出海岸濕地的生態功能與經濟效益。

在健康風險評估問題中，現行的「健康風險評估技術規範」把評估對象界定為：影響範圍內的暴露民眾，同時需特別注意危害環境中容易產生不良健康影響的人群，如懷孕之婦女、年齡較大或較小之民眾，或者是健康狀態不良之民眾。因此在進行風險評估時，可以在規定的評估範圍內，尋找這些具敏感性族群，以進行下一階段的健康衝擊預測。

四、影響的時間與衝擊風險

衝擊是事件介入系統後系統特性的變化，這些變化來自政策方案或開發行為對環境的直接性以及間接性衝擊。所謂間接性衝擊是指政策方案或開發行為會經由第三者影響我們所關心的系統特性，若系統中有多個不同的間接性衝擊路徑，則會因為傳遞的時間差造成系統特性變化的多樣性。真實的環境系統是一個非線性的動態系統，在這樣一個複雜系統中，非線性響應造成的擴大、累積與衰減效應會使得事件對環境特徵的變化具有不可預測性，這也使得間接衝擊通常具有明顯的時間延遲效應（Time-delay），特別是與經濟、社會與生態有關的政策方案。在這種長時間、大範圍的評估問題中，規劃、興建、營運與廢棄的每一個階段，都可能歷時一段很長的時間，在評估的時間範圍內，受衝擊的對象常會以隨機或半隨機的方式出現在評估的空間範圍內，受體、汙染源以它們之間的衝擊關係也經常是一種隨機的過程，決策者常會以風險的概念來解釋這種具有高度隨機特性的環境衝擊量。

所謂「風險（Risk）」指的是傷害、損害或損失的機會，其大小由事件發生的機會以及事件發生的損害量決定之〔如方程式（7.1）所示〕。若以健康風險評估為例來說明風險，則「健康風險」是指因為人類暴露到環境物質，如物理性、化學性及生物性等危害因子，而導致傷害、疾病或死

亡的可能性，而健康風險評估（Health risk assessment）則是指「利用各種
科學資料、方法及技術來估計與描述暴露於這些危害因子時可能造成的危
害程度」。總風險的計算應同時考慮各種直接衝擊與間接衝擊，但受到衝
擊量傳遞途徑與傳遞速度的影響，事件對環境特徵或行為的影響常會發生
在不同的時間點上。如圖 7.4 所示，當事件介入系統後，衝擊會以不同的
路徑、時間與大小反映在系統行為上，若評估問題需要掌握衝擊的時間變
化，並針對這些衝擊進行預防與控制時，必須特別在意直接與間接衝擊對
評估結果的影響。

$$風險 = 發生不良影響的機率$$
$$= （事件發生的機率）\times（結果的嚴重性）$$
$$= （進入人體的機會）\times（對人體的嚴重性） \qquad (7.1)$$

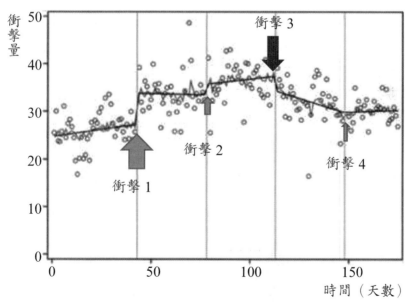

圖 7.4　生態功能及經濟價值

對於無法用數學公式來描述的非確定性系統（Non-deterministic system）而言，衝擊的動態特性不容易被量化出來，因此常會以靜態系統的方式來處理總衝擊量，亦即不考慮衝擊的時間特性。以健康風險評估為例，它將健康風險視為是一種長期性的評估系統，不考慮衝擊的短期擾動與變化趨勢，而將健康風險視為長期暴露於物理、化學或生物毒物下的風險總和。跟一般的綜合性評估一樣，健康風險評估需考慮各種直接性與間接性的衝擊效應，因此「健康風險評估技術規範」規定總暴露劑量的估量應以經由各種介質及各種暴露途徑進入影響範圍內居民體內的總量計算之。以圖 7.5(a) 為例，計算一個工廠所排放的空氣汙染物對鄰近受體的健康衝擊時，需先根據汙染物的傳遞方式界定評估的範圍、明確定義汙染物的傳輸途徑、估算汙染物在不同傳輸途徑中轉化、分解、累積、放大後的濃度以計算總暴露劑量。必須注意的是，因為傳輸介質的不同，汙染物傳遞途徑與影響範圍會有非常顯著的差異，因此在確認傳遞途徑時，需將環境介質的傳遞特性考慮進去。決策者可以根據圖 7.5(b) 的方式來確認系統

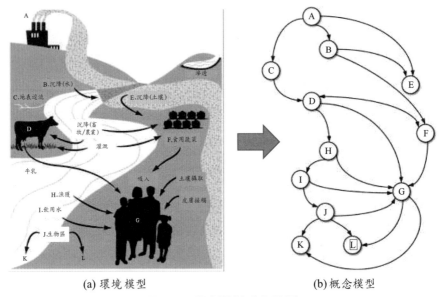

(a) 環境模型　　　　　　　　(b) 概念模型

圖 7.5　多介質模式之發展

物件與與物件之間的關連特性，並建立數學方程式來描述汙染物在傳遞過程中的能量、質量與動量特徵。

第二節　衝擊評估與風險描述

一、汙染物傳輸與多介質模擬

系統是指具有特地功能（Function）與存在目的（Purpose）的事物或生命體，每一個系統都是一個由多個組成（Components）以特定的關連結構（Structure）與交互作用（Interaction）所共同構成，每一個系統或物件都是唯一且不可分割的實體，每一個系統也都是另一個較大系統或上位系統的子系統。系統內的每一個組成都有其特定的功能職掌或角色任務，系統整體的特徵與展現出來的功能，便是這些組成以特定的結構關連與交互作用機制與其他組成協調與分工合作的結果。系統是由系統邊界、系統輸入、系統輸出、系統物件、系統結構與系統關聯所組成（如圖 7.6 所示）。任何一個物件的功能、系統結構與交互作用機制的改變、異常或失效，都會直接或間接地影響單一物件的運作以及它所擔負的系統功能，最後導致系統整體功能或結果的失常、改變或故障。

系統投入（Input）、系統（System）與系統產出（Output）是系統理論的基礎模式（如圖 7.7 所示），它說明當系統物件受到一個投入的刺激後，這個系統物件會產生一個反應（或處理），並把系統投入所造成的刺激反應在這個系統物件的特徵與產出變化上。系統特徵可以狀態變數（State variables）來說明，而系統投入與產出一般以流動量（Flows）來表示。從質量平衡的觀點來看，系統的狀態的變化可以方程式（7.2）來表示，因此對於如圖 7.8 的系統而言，$F0$ 可視為系統投入、$F2$ 為系統輸出，$F1$ 則為系統內部的關聯，因此就組成元件 $S1$ 而言，$S1$ 的狀態變化

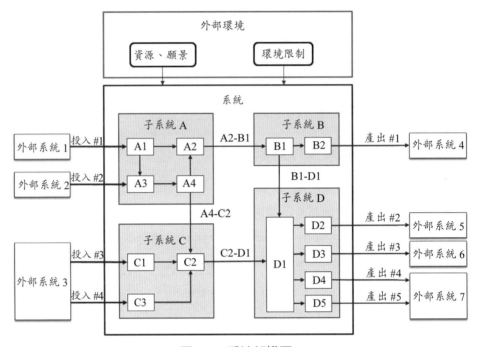

圖 7.6　系統架構圖

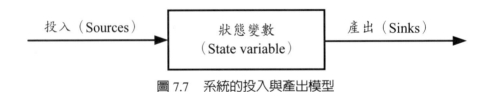

圖 7.7　系統的投入與產出模型

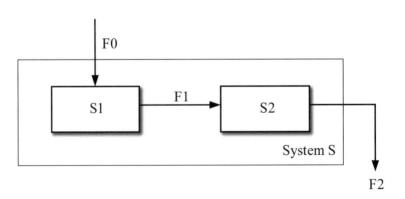

圖 7.8　複雜系統的投入與產出模型

可以方程式（7.3）表示之，同樣的 S2 的狀態變化也可利用方程式（7.4）來表示。由於 S1 與 S2 是系統 S 的子系統，因此將方程式（7.3）與（7.4）合併後便可以得到方程式（7.5）的結果，這結果反應當系統 S 受到投入變數 F0 的刺激後，系統狀態函數與輸出之間的關係。若是將 F0 視爲汙染排入，系統 S1 與 S2 表示不同的環境介質，則圖 7.6 可以用來表示汙染物在不同環境介質的累積與傳輸現象。

$$\frac{d\,\text{State Variable}}{dt} = \text{sources} - \text{sinks} \tag{7.2}$$

$$\frac{dS1}{dt} = F0 - F1 \tag{7.3}$$

$$\frac{dS2}{dt} = F1 - F2 \tag{7.4}$$

$$\frac{dS1}{dt} + \frac{dS2}{dt} = F0 - F1 + F1 - F2 = F0 - F2 \tag{7.5}$$

除了系統組成元件外，流動（Flows）也是系統非常關鍵的內容，流動可以利用質量、能量、動量、訊息、金流等非常多的型式表現出來，它作爲系統元件的溝通橋樑，利用流動可以把系統輸入的影響以非線性的方式傳遞到系統內的不同元件以及系統輸出上，反饋、累積、延遲效應也因爲這樣的非線性傳遞而反應在系統元件和輸出上。系統元件彼此間互相合作也互相制衡，流動量的大小改變了系統元件的狀態，同樣的系統元件的狀態也影響了流動的速度與大小。以化學反應方程式（7.6）爲例，生成物 C 的生成速率與系統元件 A、B 的狀態變數（濃度值）有關，其生成速率可以方程式（7.7）表示之，若從系統觀點（系統元件與流動量）來看物質的消失與生成則可以圖 7.7 來表示之。一旦系統元件的狀態函數與流動量可以利用方程式來加以描述，則系統中能量、質量與訊息在不同介質之間的流動與累積便能被模擬出來（如圖 7.9 所示）。

$$\alpha A + \beta B \overset{k}{\rightarrow} \chi C \tag{7.6}$$

$$C\ \text{的生成速率} = k \cdot [A]^{\alpha} \cdot [B]^{\beta} \tag{7.7}$$

以圖 7.10(a) 的多介質傳輸模型為例，決策者可以根據實體模型的介質差異確認環境系統的物件與子系統（如：區分成：汙染源、空氣、水體、沉積物、土壤、植物與受影響居民），利用系統原理確認物件的空間關聯（如圖 7.10(c) 所示）與能量與質量的傳遞方式建立多介質的概念模型如圖 7.10(d) 所示。當概念模型被確認之後便可利用方程式（7.8）～（7.13）來呈現系統組成元件之間的關係，而流動量（F0～F14）則需由汙染物在不同介質之間的物理、化學與生物反應狀況來決定，通常必須由現地實測數值與文獻分析方式取得。由圖 7.10(d) 可以發現汙染物會經由不同路徑影響到人體，不同路徑會有不同的傳輸速度與傳送量，累積和時間延滯的效果也不相同，為了有效了解汙染衝擊隨時間的變化，必須審慎的估算系統評估的時間範圍。

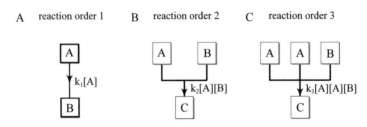

圖 7.9　狀態變數與流動量的之間的關係

多介質模擬必須注意的，對於一個大範圍的環境系統，每一個空間位置的環境特性與介質關聯可能都不相同，也無法以相同關聯模型來解釋系統內所有空間物件的汙染物傳輸現象，對於這樣不均質的環境系統，多介質傳輸模型必須要進行適當的修正。

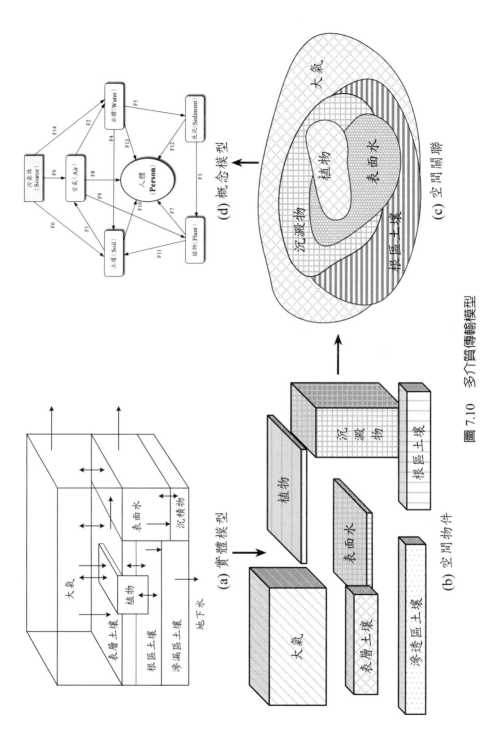

(d) 概念模型

(c) 空間關聯

(a) 實體模型

(b) 空間物件

圖 7.10　多介質傳輸模型

$$\frac{dAir}{dt} = F1 - F2 - F8 - F9 \tag{7.8}$$

$$\frac{dWater}{dt} = F14 + F2 - F3 - F4 - F5 - F13 \tag{7.9}$$

$$\frac{dPlant}{dt} = F5 - F6 - F12 \tag{7.10}$$

$$\frac{dSoil}{dt} = F7 + F9 - F11 \tag{7.11}$$

$$\frac{dSediment}{dt} = F11 + F10 + F4 - F1 \tag{7.12}$$

$$\frac{dPerson}{dt} = F3 + F8 + F6 + F12 + F13 - F7 - F10 \tag{7.13}$$

我國行政院環保署提出「健康風險評估技術規範」，建議五種多介質傳輸模式，其中包含：MEPAS（Multimedia environmental pollutant assessment system）、MMSOILS（Multimedia contaminant fate, transport, and exposure model）、MULTIMED（Multimedia exposure assessment model）、3MRA（Multimedia, multi-pathway, multi-receptor risk assessment）與 TRIM（Total risk integrated methodology），上述模式適用於不同情況，表 7.1 為各模式適用性與限制性進行比較。

二、綜合性衝擊評估

綜合性衝擊評估的目的是分析事件介入系統後，環境系統特徵或行為的總體變化。因此，健康風險評估可定義為評估一個汙染事件介入環境系統後，健康風險程度的變化。依據行政院環保署在健康風險評估技術規範，所謂健康風險是指開發活動影響範圍內，居民暴露於各種危害性化學物質的總致癌風險以及總非致癌風險，總非致癌風險以危害指標表示，其值不得高於一；總致癌風險則以 10^{-6} 為標準，當總致癌風險超過 10^{-6} 時，開發單位應提出最佳可行的風險管理策略。健康風險評估是典型的綜合評

表 7.1　各類多介質傳輸模式比較

	MEPAS	MMSOILS	MULTIMED	3MRA	TRIM
危害性化學物質種類	有機、無機性化學物質皆可			有機汙染物與無機汙染物，含戴奧辛類化合物與水銀	有毒空氣汙染物（HAP）及部分於大都市的揮發性有毒空氣汙染物
汙染源種類	既存或新設汙染源皆可	地下儲槽等直接釋放進入地下水、地表水與大氣等	汙染土壤、掩埋場、地表圍塘、地表水與空氣等	地表圍塘、掩埋場、露天棄置堆等	所有空氣汙染源
傳輸途徑	空氣、土壤、地下水、地表水、地表漫流、食物鏈				空氣、水、土壤、食物、室內空氣
暴露途徑	吸入、食入、皮膚接觸				吸入、食入
危害評估	致癌性、非致癌性				
受體族群	人體、生態	人體	人體、生態		

資料來源：作者自行整理

估案例，它選擇以人體為標的，將開發行為對環境的衝擊以健康風險的方式呈現出來，而根據行政院環保署健康風險評估技術規範的內容，健康損害應包含致癌性風險以及非致癌性風險兩大類。圖 7.11 是健康風險評估的評估流程，當決策者利用多介質模擬了解了汙染物在不同空間與介質的分佈後，可以根據受體暴露於環境介質的型態（吸入、食入或皮膚接觸）估算受體的總暴露量，因為計算健康風險與受體所承受的內在劑量與生物有效劑量有關，因此計算健康風險時必須將這些因素納入考量。

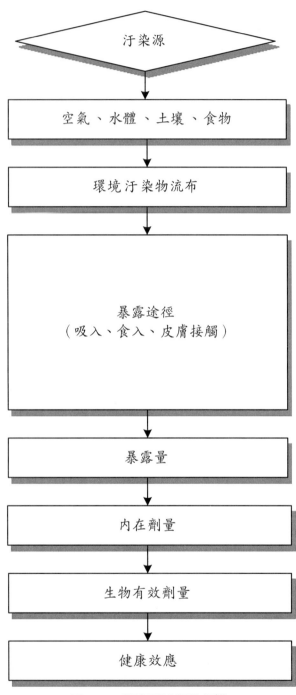

圖 7.11   健康風險評估架構

1. 非致癌性風險

以非致癌性風險為例，總危害指數（Total exposure hazard index, THI）可以方程式（7.14）的公式計算之，如果總危害指數小於 1，因為暴露於低於會產生不良反應的閾值，因此預期不會有損害發生。如果總危害指數大於 1，表示會暴露於超過閾值的環境中，會產生毒性風險。由方程式（7.14）可以發現，總危害指數由每日暴露攝取量（CDI）以及長期性參考劑量（RfD）所決定。長期性參考劑量與汙染物的毒性有關，毒性愈高參考劑量的數值愈低。每日暴露攝取量則與汙染物的傳輸路徑與人的暴露途徑（食入、吸入或皮膚接觸）有關。

$$THI = \sum_i HI_i = \sum_i \sum_j HQ_{ij} = \sum_i \sum_j \sum_k \frac{CDI_{ijk}}{RfD_i} \qquad (7.14)$$

其中：

HI $THI = $ 總危害指數（Total exposure hazard index, THI）

$HI_i = $ 第 i 種化學物質個別毒物危害指數（Hazard Index; HI）

　　 $= $ 每日攝入量 / 參考劑量

$HQ_{ij} = $ 第 i 種化學物質第 j 種暴露途徑之危害商數（Hazard quotient, HQ）

$CDI_{ijk} = $ 第 i 種化學物質經由第 j 種路徑以第 k 種暴露途徑之長期性每日暴露攝取量（intake），（mg/kg-day）

$RfD_i = $ 第 i 種化學物質之長期性參考劑量（reference dose），（mg/kg-day），參考劑量的定義是「估計人類族群每天的暴露，此暴露在一生之中可能不會造成可察覺到有害健康效應的風險」

i = 第 i 種化學物質

j = 第 j 種路徑

k = 第 k 種暴露途徑

如果危害指數小於 1，預期將會沒有損害，因為暴露低於會產生不良反應的閾值。如果危害指數大於 1，會超過此閾值而且可能產生毒性。

2. 致癌性風險

在人體或動物會造成癌症的物質被認為具有非閾值效應，也就是沒有安全暴露的水平。任何暴露都具有一些風險，當暴露增加，致癌反應的機率也增加。致癌反應的定量評估需要用到數學模式，美國環保署一般是採用線性多階段模式（Linearized multistage model, LMS），這個保守的模式可推估出癌症風險的可信上限估計（Plausible upper-bound estimate）。化學物的致癌強度，即一生平均的攝取量與癌症增加的風險之間的相關性常數，以斜率因子（Slope factor）表示。因為動物實驗所給相對的高劑量，必須使用模式以推估在環境中相對的低劑量之風險。致癌風險的計算可以下式表示：

$$致癌風險（Ri）= 長期每日攝取量（I）× 斜率因子（SF）\quad (7.15)$$

其中：

I＝一生中平均每天暴露劑量（Lifetime average daily dose）

SF＝致癌斜率因子（Cancer slope factor）$(mg/kg\text{-}day)^{-1}$

和健康風險評估一樣，其他的綜合性評估（如：生態風險評估、績效評估、可行性評估）也必須先確認評估的對象以及評估的項目，和健康風險評估不同的是，很多綜合性評估問題都採相對性的比較，亦即評估事件介入前後效益或衝擊的變化，並根據這個變化量來決定方案是否可行，或應該優先選擇哪些方案。衝擊或效益的呈現也更為多元，例如以貨幣、碳足跡、水足跡、生態效益等不同方式來呈現政策方案或開發行為的環境衝擊。因為不同的利害關係者所關注的環境議題不同，因此整合性指標的

選擇也會不同，分析者可以根據不同利害關係者所關注的指標進行綜合評判。一般而言，決策者會利用權重法與係數法的方式進行綜合評判〔如：方程式（7.16）與方程式（7.17）所示〕，其中權重可以利用問卷方式取得，也可以利用環境品質標準作為權重的選擇依據，例如方程式（7.17），當環境標準值 S_{ij} 愈小，表示它對環境的可能損害愈大，由於 $W_{ij} = 1/S_{ij}$ 因此當損害愈大時，會有較小的權重值 W_{ij}。

$$TI = \sum_i \sum_j (W_{ij} \times P_{ij}) \qquad (7.16)$$

$$= \sum_i \sum_j (\frac{1}{S_{ij}} \times P_{ij}) \qquad (7.17)$$

其中：

　　TI ＝總衝擊量

　　W_{ij}＝第 i 個製程中的第 j 個汙染衝擊量之權重

　　P_{ij} ＝第 i 個製程中的第 j 個汙染衝擊量之環境衝擊量

　　S_{ij} ＝第 i 個製程中的第 j 個汙染衝擊量之環境品質標準

案例 7.1：焚化爐空氣汙染之衝擊分析

　　為了了解焚化廠於營運過程中對環境造成的衝擊，本研究利用空氣擴散模擬模式（工業汙染源模式，Industrial source complex model，簡稱 ISC 模式），選擇一氧化碳（CO）、二氧化硫（SO_2）、氮氧化物（NOx）、粒狀汙染物（PM_{10}）、氯化氫（HCl）、鉛（Pb）、汞（Hg）、戴奧辛（PCDD/PCDF）等物質，進行排出汙染量模擬。由於不同空氣汙染物對人體有不同危害程度，因此利用公式（7.17）計算空氣汙染物的整體衝擊潛能，其中 S_{ij} 為汙染物之法規標準，由於在空氣品質標準中並不對鉛、汞以及戴奧辛進行規範，為取得各汙染物的相對危害性，若以物

質安全資料表之物質限值為基準（見表 7.2）用以計算各類空氣汙染物的總危害風險量，運算過程與結果如圖 7.12 所示。

　　綜合性衝擊評估除了用來了解事件介入後系統狀態或行為的變化外，更重要的目的是藉由對系統行為的了解，來擬定各種的管理與控制方案。因此，一個完整的綜合評估與管理方案，應包含：確認開發內容（危害鑑識）、選擇衝擊評估項目、鑑別衝擊途徑、量化總衝擊量、確認衝擊管理目標、擬定衝擊管理策略、制訂各項、建立各項衝擊控制技術等。

表 7.2　物質安全資料表之物質限值

汙染物	法規標準
CO	35 ppm
NO_2	5 ppm
SO_2	2 ppm
PM_{10}	125 $\mu g/Nm^3$
HCl	5 ppm
Pb	0.1 mg/Nm^3
Hg	0.05 mg/Nm^3
PCDD/PCDF	0.1 $ng\text{-}TEQ/Nm^3$

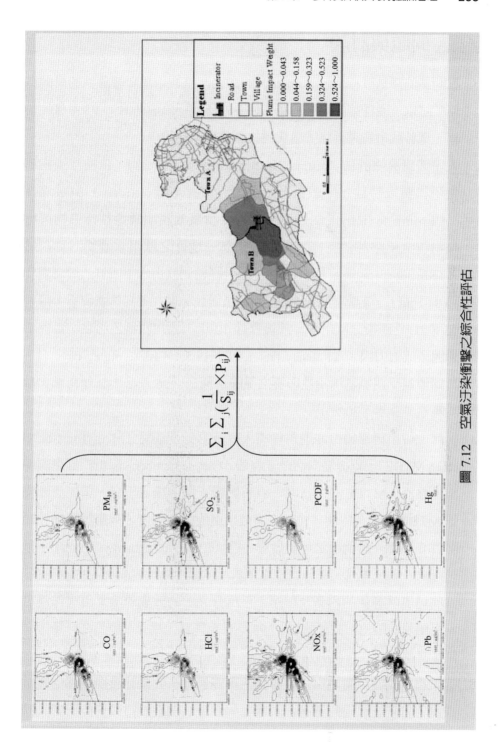

圖 7.12　空氣汙染衝擊之綜合性評估

📖 問題與討論

1. 說明風險評估（risk assessment）的內涵。其與環境影響評估的異同為何？試以一受汙染的場址為例，說明如何進行風險評估。（95 年環境工程、環保技術高考三級，環境規劃與管理，25 分）

2. 人體健康風險評估（Human health risk assessment），依據汙染物或化學物質之特性，一般區分為急毒性（Acute toxicity）與緩毒性（Chronic toxicity）二類風險評估，請概要說明緩毒性汙染物或化學物質之風險評估流程。現在假定有一地區之飲用水遭受四氯乙烯（Tetrachloroethylene, C_2Cl_4）之汙染，經檢測飲用水中四氯乙烯之濃度為 0.01mg/L，若當地有一體重 70kg 之居民，他在不知情狀況下，每天喝下 2L 受汙染之飲用水，前後歷經 10 年，已知四氯乙烯之緩毒性斜率因子或效力因子（Potency factor, PF）為 5.1×10^{-2}（mg/kg-day）$^{-1}$，請問他遭受四氯乙烯毒性影響之風險為何？（96 年環工技師高考，環境規劃與管理，30 分）

3. 目前一般市售無鉛汽油通常會加入甲基第三丁基醚（Methyl tert-butyl ether, MTBE），以提高汽油之辛烷值（Octane number）降低汽缸爆震現象。然而，MTBE 長久以來一直有影響人體健康之爭議，請先簡要描述 MTBE 之物質特性，並就人體健康風險評估角度，列舉說明加油站 MTBE 影響人體健康之可能暴露途徑（Exposure pathways）。（97 年環保行政、環境工程、環保技術高考三級，環境規劃與管理，30 分）

4. 試簡述風險評估的內涵及程序；百萬分之一的致癌風險常用來作為可接受風險的限值，試評論之。（98 年環境工程、環保技術簡任升等考，環境規劃與管理研究，25 分）

5. 近來諸多開發計畫之環境影響評估審查過程，人體健康風險評估經常成為各方廣泛討論的議題，請問哪些類型的開發計畫較可能影響人體

健康？請就開發行為之內容，及其可能之人體健康影響情形，舉二例說明之。（99 年環保行政、環保技術普考，環境規劃與管理概要，20 分）

chapter 8

綜合評估與方案選擇

在環境評估問題中，經常必須面對多準則與多目標的決策問題，決策者面臨的是如何從多目標與多準則的環境問題中，尋找一些適當可行的方案。例如選購一部車子，我們會考慮多個評估因素，像是價格、舒適度、安全性、省油程度、折舊率、外觀等，這些評估因素經常是互相衝突的，如價格與安全性。進行環境評估時，決策者最大的難題是如何在諸多的衝突目標中進行權衡、取捨。多準則決策（Multiple criteria decision making, MCDM）是指在從具有相互衝突的有限（或無限）方案中選擇最適方案的一種決策分析方法，而根據決策方案是有限還是無限，多準則決策又可區分成多屬性決策（Multiple attribute decision making, MADM）與多目標決策（Multiple objective decision making, MODM）兩大類。

多目標決策則是利用一組數學方程式來表示所有可行方案的組合，它是一種從無限多個（可行解區間）且事先未知的方案中尋求最佳方案的一種決策方法，所謂多目標是指決策問題中需要同時考慮兩個或兩個以上的目標。對於一個政策方案或開發行為，決策者通常希望在最小的環境衝擊下，獲得最大的經濟或環境效益。多目標決策必須滿足所有的環境或資源限制，因為要同時考慮多種目標，目標的衡量以及目標之間的衝突與妥協，是多目標決策問題的關鍵，也是最困難的地方。多目標決策常被用於資源配置與方案規劃上。

多屬性決策也被稱為有限方案的多目標決策，是一種在多個屬性（Attribute）的情況下進行方案排序，或從一組備選方案中選擇最優方案的決策問題。多屬性決策是由準則（Criterion）、權重（Weight）與方案（Alternative）等三個元素所組成，準則是影響我們作決定的因素，權重代表了我們有多在意這些因素，方案則是目前有限的選擇，這三者彼此相互影響。準則之間可能是相互矛盾的，也可能是彼此獨立毫無關聯的，如何設立適當的準則是多屬性決策的關鍵議題。多屬性決策的方案組合通常

是有限的，這些方案組合必須在評估之前先行確認，多屬性決策是環境評估中常見的問題，例如環境影響評估中的方案選擇，便是典型的多屬性決策問題。

第一節　數學規劃法

數學規劃（Mathematical programming）是作業研究（Operational research）的一個重要分支，主要在解決數值最優化問題。近年，由於計算科學與資訊科技的快速發展，數學規劃已迅速發展起來成為一門重要的應用學科。數學規劃的應用極為普遍，它的理論和方法已廣泛的應用到自然科學、社會科學和工程技術的規劃與管理上。它是用來尋求系統資源受限情況下的最佳化方案。根據問題的性質和處理方法的差異，數學規劃可分成許多不同的分支，如線性規劃、非線性規劃、多目標規劃、動態規劃、參數規劃、整數規劃、隨機規劃、對偶規劃與模糊規劃等。

一、線性規劃的基本概念

線性規劃（Linear programming, LP）是指問題的目標函數和約束條件都是線性的最優化問題，它是一種用來解決複雜問題的科學方法，早期被廣泛的應用在各類的生產規劃上，目前已經被廣泛的應用在各類環境系統分析問題中，跟其他的數學規劃法一樣，決策者可以利用它在不同的資源限制下，尋找最有利的方案。為了達成這個目的，決策者必須先定義系統的功能目標，並在這功能目標下定義系統的邊界、邊界內的組成（子系統或單元）以及這些子系統或單元的限制條件。以圖 8.1 為例，這個系統由 19 個單元所構成，這 19 個單元則分別組成了 5 個子系統，若這 5 個子系統都有最大的功能限制或資源限制，若要在這些功能或資源限制下，達

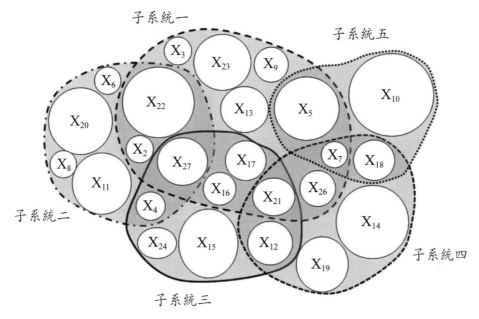

圖 8.1　系統環境與資源限制

到系統的最佳結果（最大或最小目標），若將這種概念轉化成數學規劃模式，則線性規劃法可以以如下的方程表示之，其中 $b_1, b_2, \cdots, b_m$ 可稱為最大可用資源。

maximize or minimize　$z = c1 \times 1 + c2 \times 2 + ... + cn \times n$　　　（8.1）
subject to:

$$a_{11}x_1 + a_{12}x_2 + \cdots + a_{1n}x_n \leq (\geq)\ (=)\ b_1$$
$$a_{21}x_1 + a_{22}x_2 + \cdots + a_{2n}x_n \leq (\geq)\ (=)\ b_2$$
$$\vdots \qquad \vdots \qquad\qquad \vdots \qquad \vdots$$
$$a_{m1}x_1 + a_{m2}x_2 + \cdots + a_{mn}x_n \leq (\geq)\ (=)\ b_m \qquad（8.2）$$

　　由方程式（8.1）與（8.2）可以發現，線性規劃模型是由目標（Objective）、決策變數（Decision available）、限制式（Constraint）與參數（Parameters）四種成分所組合：

1. 目標（Objective）

　　線性規劃法必須設定一個單一目標（Single goal / objective），目標代表了系統中的某一種行為或功能，因為系統經常具有多重功能，不同的目標設定會強化其中其中的一項功能，而獲得不同的資源配置結果，因此目標的合理選擇也是數學規劃法中的重要關鍵。目標有極大化與極小化兩種不同形式，極大化的目標通常是以系統產出為導向，亦即在追求系統的極大化產出，常見的極大化目標包括利潤、收益、效率或是報酬。相對的，極小化的目標是以系統投入為導向，追求最小的系統投入，常見的極小化目標包括成本、時間或旅行距離。在數學規劃問題中，會以目標函數（Objective function）來表示目標的達成度，若目標個數不只一個，則單目標規劃問題將轉變成為多目標管理問題，此時目標之間的妥協，就變成數學規劃法中另一項重要的議題。

2. 決策變數（Decision available）

　　決策變數（Decision variables）代表可供決策者選擇的變數，也就是決策者想要知道的資源配置組合，例如：成本最小化目標的資源投入組合；利潤收益最大化下的產出組合，這些變數組合就形成了決策者期盼的最優方案。事實上，規劃目標是數學規劃法的驅動力，而決策變數才是決策者最關心的內容。

3. 限制式（Constraint）

　　系統內的物件或子系統都有它們各自的功能以及資源限制，限制（Constraints）式的數量取決於系統內的物件、子系統以及物間關聯的數量。限制式通常有小於等於（≤）、大於等於（≥）、等於（＝）等三種類型，

用以表示物件與子系統的功能與資源限制。例如：≦ 限制式表示物件或子系統的功能或資源上限（例如：機器小時、人工小時、原料）；≧ 限制式表示物件或子系統的功能或資源下限（例如：河川的最低生態流量，高速公路最低車速限制）；等號限制式用來限制物件或子系統的功能或限制必須相等（例如：質量守恆、動量守恆或能量守恆）。滿足所有限制式的所有變數組合被稱做可行解空間（Feasible solution space），線性規劃模式的目的就是在這可行解空間中尋找一組最佳的變數組合，使目標函數最大化或最小化。

4. 參數（Parameters）

參數是指數學規劃模式中的固定常數，這些固定常數代表著物件在某個特定功能上的表現。一個物件可能同時存在於不同的子系統中，扮演不同的功能角色，如圖 8.1 所示，物件 X_1 分別位於子系統一與子系統二中，則如方程式（8.2）所示，參數 a_{11} 與 a_{21} 分別表示物件 X_1 在子系統一與子系統二的功能參數，這些功能參數通常由實測或理論推估，這些參數具有隨機性、不確定性或動態性則參數的估計必須特別審慎，因此為了了解參數變動對決策結果的影響，不確定性分析便顯得相當重要。

二、線性規劃的求解

線性規劃模型之求解是一個反覆運算的過程，包含：圖解法、代數法、簡捷法（單體法）（Simplex method），這些方法的比較表 8.1 所示，如今線性規劃問題，大都可以利用電腦軟體（如：Lingo、Lindo、Excel）進行運算，這些商用軟體大都是根據簡捷法所發展而成的。單體法的求解方式請參考相關的書籍，以下以圖解法說明線性規劃的求解原理以及敏感度分析的原理。圖解法是將限制式繪於圖上，然後求出滿足所有限制式之區域（即所謂的可行解區間）。然後將目標函數繪於圖上，以尋找可行解空間中使目標函數最小化或最大化的點。一般而言，圖解法的求

表 8.1　求解方式的比較

	圖解法	代數法	簡捷法（單體法）
優點	當線性規劃問題只有兩個決策變數時，可用本法找出最優解。圖形的解法簡便，可以節省求解的時間。	當決策變數多於兩個，無法畫出可行解區域時，可以利用代數法。	當決策變數及限制事很多時（大型線性規劃問題），利用本法可以快速求出所需要的解，是一種非常有效率的方法。
缺點	當決策變數為二個以上，圖解法就不適用了。	當決策變數及限制式很多時，代數法的計算方式可能很龐大，基本可行解的個數可能會多到無法處理的地步。	雖然在數百限制式以下的問題，本法是最有效率的演算法，但是也有其不適用的時候，此時其他的求解方法可能會較合適。

解順序依序為：1. 以數學式建立目標函數與限制式；2. 繪出限制式條件；3. 求出可行解空間；4. 繪出目標函數；5. 求最佳解。

案例 8.1

　　如某工廠每日的最小需水量為 $4.0Mm^3/day$，現有兩個水源可供給該廠必要的需水，其中臨近的一個給水廠每天最多可供應 $10Mm^3/day$ 的水量，另外，該工廠可向河川局申請有約 $2.0Mm^3/day$ 的水權量，已知該工廠從給水廠與河川所得之水質，其 BOD 分別為 50mg/L 及 200mg/L，成本則分別為 100 萬元 $/Mm^3$ 及 50 萬元 $/Mm^3$，若該工廠用水的用水，其 BOD 水質濃度必須小於 100mg/L，則在最小成本的目標下，該廠的最佳的取水策略為何？以下便利用這個案例說明數學模式建立的步驟：

解答 8.1

步驟一：確定決策變數

　　在這個案例中，我們想知道的內容是該廠的最佳化取水策略，亦即

該從給水廠取多少水？以及該由河川取得多少水，才能在滿足環境限制下（此例爲水質限制式），使成本支出最小化。因此，我們可以將決策變數（Decision variable）設定爲：

$$X：該工廠從給水廠取用的水量（Mm^3/day）$$
$$Y：該工廠從河川取用的水量（Mm^3/day）$$

步驟二：確定目標函數

　　決策變數是優化分析中最重要的要素，因爲他們代表一個決策組合，而這些決策組合則是由目標函數所決定的，大部分的環境問題經常是多目標的，不同目標也經常是互相衝突的，因此決策經常就是一種在不同目標之間的妥協過程。爲了簡化模式的複雜度、降低求解時的困難，線性單目標的目標函數是優化模型中最常見的一種目標函數。以本例爲例，成本最小化是本例中的規劃目標，由於從給水廠取水的成本爲 100 萬元 /Mm^3，而從河川取水的成本爲 50 萬元 /Mm^3，因此可將本例中的目標函數（Objective function），定義如下，其中 Z 代表總成本。

$$Min \quad Z = 100X + 50Y（萬元）$$

步驟三：確定限制條件

　　從系統理論中，可以了解系統的行爲會受到外部環境的制約，系統內的每一個組成或關聯也可能會有最大或最小的功能限制，優化分析的目的就是希望在有限的資源與衆多的環境限制下，達到資源的最佳化配置，以滿足決策者給定的決策目標。每一個限制條件（Constraint）就代表了一種資源或功能的限制。以本例爲例，限制式如下：

i. 需水量限制式

$$X + Y \geq 4.0 \, (\text{Mm}^3/\text{day})$$

ii. 供水量限制式

$$X \leq 10.0 \, (\text{Mm}^3/\text{day})$$
$$Y \leq 2.0 \, (\text{Mm}^3/\text{day})$$

iii. 水質限制式

$$50\,X + 200\,Y \leq 100(X + Y) \, (\text{mg/L})$$

iv. 非負限制式：對於多數的決策問題而言，決策變數不可能為負數
（例如取用的水量），因此在本例中必須再加入兩條限制式，以確
保決策變數的合理性，這些限制式稱為非負限制式（Non-negativity
constraints）。

$$X \geq 0$$
$$Y \geq 0$$

步驟四：建立完整數學模型

在確定決策變數、目標函數、環境限制式以及模式中的系統參數
後，便可建立一個完整的數學模式，以本案例為例完整數學模式可如下
所示，其中模式的參數（如目標函數中的 100 與 50）是決策者依據決策

問題估算出來的，這些參數的準確性與時變性會影響決策結果，它們對決策的影響常以敏感度分析討論之：

Min　　$Z = 100X + 50Y$

s.t.

$X + Y \geq 4.0$　　　　　　　　　（需水量限制式，限制式 1）

$X \leq 10.0$　　　　　　　　　　（供水量限制式，限制式 2）

$Y \leq 2.0$　　　　　　　　　　（供水量限制式，限制式 3）

$50\,X + 200\,Y \leq 100\,(X + Y)$　　（水質限制式，限制式 4）

$X \geq 0$　　　　　　　　　　　（非負限制式，限制式 5）

$Y \geq 0$　　　　　　　　　　　（非負限制式，限制式 6）

步驟五：模式求解

　　線性規劃法的求解方法有圖解法、代數法、簡捷法（單體法）（Simplex method）等幾種，也有非常多的商用求解軟體。爲了讓初學者了解線性規劃的求解原理，本文以圖解法進行說明。基本上，最佳可行解是一種線性代數（Linear algebra）的求解問題。若將線性優化模型中的限制式，展示在二維空間的座標系統中，則所有限制式所圍成的區域，稱爲可行解區域（Feasible region），在可行解區域內的所有解均爲該數學規劃模型的可行解（Feasible solution），在所有可行解中使目標函數最大化（或最小化）的解，則稱爲最佳解（Optimal solution）。在線性規劃法中，最佳可行解通常發生在角點（Corner point）的位置，所謂角點是指可行區域內的邊界轉折點（兩兩限制式的交點）。在上述的案例中共有 6 條限制式，在滿足限制式要求的情況下，每一條限制式都會產生可行解（如圖 8.2 中網格區域）與不可行解的區域。最後，若將所

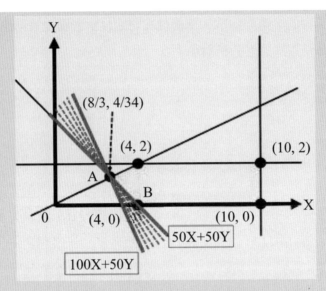

圖 8.2　目標式參數的敏感度分析

有的限制式的圖疊加在一起，這就是此線性規劃題目所要求的可行解區域，如圖 8.2 所示。

步驟六：敏感度分析

　　優化模型中目標式與限制式的參數，會決定可行解的範圍以及目標函數的斜率，當這些變數發生變動時可能會影響最佳解的組合，敏感度分析就是為了了解參數估計對決策結果的影響的一種分析方法，敏感度分析的對象主要有目標式與限制式兩大類。以圖 8.2 為例，若固定目標函數中決策變數 Y 的參數值，變動決策變數 X 的係數值，則當參數值由 100 逐漸減少並逼近 50 時，優化模式的最佳解仍然發生在角點 A，但是當參數值由 100 變成 50 時，則優化模式會有無限多組解，若參數值小於 50 則此時優化模式的最佳解會由角點 A 轉變成角點 B，此時關鍵限制式會由限制式 1 與限制式 4 改變為限制式 1 與限制式 6，也就是影響最佳化解的資源限制改變了。因此透過敏感度分析我們可以知道不

使決方案改變的的參數範圍，若參數估計具有較高的風險時，或可能超出這個參數範圍時變必須審慎考慮最佳解的正確性。

　　除了目標式的參數敏感度分析外，限制式參數估計所造成的不準確性也是敏感度分析的另一個重點，限制式的參數估計包含可用資源（Right-hand side）以及決策變數的參數值。以圖 8.3 所示，當這些參數值改變時可行解區間也會發生變動而直接改變角點位置，若該限制式是關鍵限制式時，則右側值的變動會直接改變最佳可行解。而透過這樣子的參數敏感度分析，決策者可以了解各項資源投入對決策結果的影響，並從新進行新的資源配置以改善決策目標。目前已經有許多商用的電腦軟體（如：Lingo、Lindo、Cplex、Gino、Game 以及 Excel）可以用來求解線性規劃問題。若以 Lindo 求解上述工廠取水的優化問題，則輸出結果如表 8.2 所示，從表 8.2 中可以看出目標函數值（Objective value）為 333.33。緊接在目標函數值下方的是最佳解，其中決策變數（Variable）的值為分別為：X = 2.67，Y = 1.34。在最佳解右方的欄位

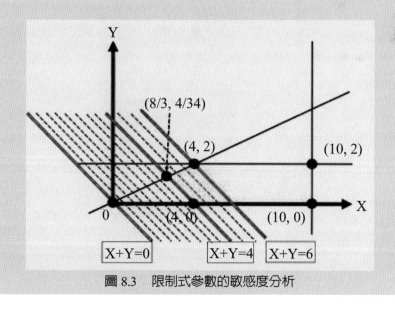

圖 8.3　限制式參數的敏感度分析

為決策變數的削減成本（Reduced cost），所謂削減成本是指為了使決策變數出現正值，目標函數中每個決策變數的係數應改變的值，若兩個決策變數的最佳解值均為正值則削減成本為 0，目標函數的係數不用做任何的改善。

在目標函數值（最佳解）與削減成本的下方，報表列出每一條限制式的狀況，用以了解哪幾條限制式是這個優化問題的關鍵限制式，關鍵限制式的剩餘值（Surplus）為 0 顯示代表此限制式的資源已經耗盡，若寬裕值（Slack）不為 0（如表 8.2 中 ROW3 與 ROW4 的 7.33 及 0.67）代表此限制式的資源仍有未用完的量。在 Surplus/Slack 右方的欄位稱為對偶價（Dual Prices），它代表該限制式的資源項〔不等式的右側值（Right-Hand Side）〕，每增加 1 單位時目標函數值的「改善」量。例如：第 1 條限制式的對偶值為 −83.33，表示在需水量限制式中，其成本目標函數值，每增加 1 單位的水量，成本會改善（減少）83.33 元。因此，在需水限制式中，4.0Mm^3/day 增加 1 單位至 5.0Mm^3/day，則目標函數（成本）會從 333.33 變成 250。此外，第 2、3 條限制式皆有寬裕值（不為 0），表示在這兩個部分有過多的資源未被利用，即使再增加更多資源，也無法減少成本，故其對偶值為 0。電腦報表中標示 OBJ COEFFICIENT RANGES 的部分，表示目標函數係數的範圍，其意義為只要目標函數中決策變數的係數在此範圍內變動，則最佳解不會變，故此範圍又稱為最佳化範圍（Range of optimality）。此範圍在報表中是以「目前係數（Current coefficient）」、「可允許增量（Allowable increase）」、「可允許減量（Allowable decrease）」來表示。以 X 之變數係數 C1 為例：

表 8.2　電腦輸出的報表結果

```
LP OPTIMUM FOUND AT STEP          2
          OBJECTIVE FUNCTION VALUE
       1)       333.3333


       VARIABLE      VALUE            REDUCED COST
          X          2.666667           0.000000
          Y          1.333333           0.000000
        ROW      SLACK OR SURPLUS     DUAL PRICES
         2)          0.000000         −83.333336
         3)          7.333333           0.000000
         4)          0.666667           0.000000
         5)          0.000000          −0.333333
         6)          2.666667           0.000000
         7)          1.333333           0.000000


NO. ITERATIONS =          2


RANGES IN WHICH THE BASIS IS UNCHANGED:
               OBJ COEFFICIENT RANGES
VARIABLE                CURRENT     ALLOWABLEALLOWABLE
             COEF       INCREASE     DECREASE
    X    100.000000    INFINITY      50.000000
    Y     50.000000    50.000000    250.000000

               RIGHTHAND SIDE RANGES
   ROW     CURRENT       ALLOWABLE      ALLOWABLE
            RHS          INCREASE        DECREASE
    2      4.000000      2.000000        4.000000
    3     10.000000      INFINITY        7.333333
    4      2.000000      INFINITY        0.666667
    5      0.000000      200.000000      100.000000
    6      0.000000      2.666667        INFINITY
    7      0.000000      1.333333        INFINITY
```

目前係數值 = 100.000000

可允許增量 = INFINITY（代表此刻係數無增加的空間）

可允許減量 = 50.000000

則：

$$最佳化範圍的上限 = 100.00$$

$$最佳化範圍的下限 = 100.00 - 50.00 = 50.00$$

$$C_1 \text{ 的最佳化範圍為：} 50.00 \leq C_1 \leq 100.00$$

　　所以，若是從給水廠取用水量之單位成本介於 50.00 萬元與 100.00 萬元間，則 X = 2.67, Y = 1.34 仍為最佳解。有一點必須強調的是，最佳化範圍只適用於：在其他參數皆不變的情況下，一次僅能改變一個變數係數；若同時改變兩個以上變數係數，雖然個別係數皆在其最佳化範圍內，不一定保證最佳解不變。

　　最後，電腦報表中標示 Righthand side ranges 的部分，表示每條限制式的右側值範圍，其意義為只要右側值在此範圍內變動，則限制式之對偶價不變；亦即右側值每增加 1 單位，對於目標函數值的改善量不變；此範圍又稱為可行性範圍（Range of feasibility）。報表中是以「目前右側值（Current RHS）」、「可允許增量（Allowable increase）」、「可允許減量（Allowable decrease）」來表示此範圍。以第一條限制式的對偶價 U_1 為例：

$$目前右側值 = 4.000000$$

$$可允許增量 = 2.000000$$

$$可允許減量 = 4.000000$$

則：

$$可行性範圍的上限 = 4.00 + 2.00 = 6.00$$
$$可行性範圍的下限 = 4.00 - 4.00 = 0.00$$
$$U_1 的可行性範圍為:0.00 \leq RHS_1 \leq 6.00$$

所以,工廠之需水量介於 $0.00Mm^3/day$ 與 $6.00Mm^3/day$ 間,則對偶價 -83.33 元仍適用,亦即每增加 1 單位的水量,成本會減少 83.33 元。同樣強調的是,可行性範圍只適用於:在其他參數皆不變的情況下,一次僅能改變一條限制式右側值;若同時改變兩條以上的限制是右側值,雖然個別右側值皆在其可行性範圍內,不一定保證對偶價不變。

案例 8.2:汙水廠抽水機配置計畫

某汙水處理廠每天需要不同數量的抽水機,每一天抽水機最低要求數量如表 8.3,每個抽水機必須運作 5 天,然後休息 2 天。例如,抽水機週一到週五運作,必須在週六和週日休息。目標是希望使用抽水機數量最小化。

解答 8.2

假設 X_t 為在 t 時間,多少抽水機開始它們 5 天的運作日,如表 8.4 所示。

表 8.3 抽水機數量分配

星期	一	二	三	四	五	六	日
最低要求抽水機數量	17	13	15	19	14	16	11

表 8.4 抽水機運作情況

星期	一	二	三	四	五	六	日
一	X_1	X_1	X_1	X_1	X_1		
二		X_2	X_2	X_2	X_2	X_2	
三			X_3	X_3	X_3	X_3	X_3
四	X_4			X_4	X_4	X_4	X_4
五	X_5	X_5			X_5	X_5	X_5
六	X_6	X_6	X_6			X_6	X_6
日	X_7	X_7	X_7	X_7			X_7

目標函數為：

$$Min = X_1 + X_2 + X_3 + X_4 + X_5 + X_6 + X_7$$

限制式為：

$$X_1 + X_4 + X_5 + X_6 + X_7 \geqq 17$$

$$X_1 + X_2 + X_5 + X_6 + X_7 \geqq 13$$

$$X_1 + X_2 + X_3 + X_6 + X_7 \geqq 5$$

$$X_1 + X_2 + X_3 + X_4 + X_7 \geqq 19$$

$$X_1 + X_2 + X_3 + X_4 + X_5 \geqq 14$$

$$X_2 + X_3 + X_4 + X_5 + X_6 \geqq 16$$

$$X_3 + X_4 + X_5 + X_6 + X_7 \geqq 11$$

$$X_t \geqq 0 \ (t = 1, 2, 3, 4, 5, 6, 7)$$

則：

當 $X_1 = 7, X_2 = 5, X_3 = 0, X_4 = 7, X_5 = 0, X_6 = 4, X_7 = 0$

有最小的使用抽水機數量 23 台

第二節　多屬性決策

環境評估問題經常涉及到不同的利害關係者（Stakeholders），他們對評估問題的關心內容與觀點各自不同也可能互相衝突。為了讓不同的利害關係者互相妥協並尋求他們對政策方案內容的共識，經常會採用群體決策（Group decision making）的方式進行方案選擇。群體決策的好處是可以集合不同領域的專家，透過他們的廣泛討論以及彼此之間的訊息交換後，提出各自領域的專業意見，這過程將有助於釐清複雜決策問題的內涵，以及定義後續的決策目標並選出合適的判定準則。因為群體決策的參與者熟悉不同的領域知識，掌握了不同類型、來源的信息內容，也容易有互補性。也就是說，不同利害關係者的廣泛參與有助於問題的全面性思考，提高決策的科學性，而且當決策內容獲得不同利害者認同時，也有助於決策的順利實施，與政策方案相關的部門也會因為更了解彼此之間的問題與需求，更容易相互支持與配合。

包含政策環評與一般性環境影響評估在內的環境評估問題，大多屬於多人決策的評估問題，因為涉及到不同的利害關係者、不同的決策管理目標以及不同的判斷準則，這些原因都會造成方案選擇上的困難。群體決策可以利用委員會或是問卷（如：德爾菲專家問卷法（Delphi method））等不同的方式進行，但無論是利用何種方式進行，群體決策都可能面臨以下幾個問題。

1. 決策效率不足

群體決策鼓勵不同領域專家積極參與討論，以民主的方式擬定最滿意的政策方案。但是如果討論與決策的程序處理不當，討論時缺乏主題、目標與方向性，則容易陷入盲目討論的氛圍之中，既浪費時間又降低了決策效率。

2. 委員代表性

群體決策的成員應能充分代表不同利害關係者的主流觀點，或涵蓋不同領域的專家。若委員的遴選程序不當，或參與的專家學者不具代表性。討論內容易失焦，也不容易出現專業性的建議，於是喪失了群體決策應該具有的全面性思考與整合創新的優點。

3. 少數團體主導

理想的群體決策認為群體成員在決策中處於同等的地位，可以充分地發表個人見解。但實際上，討論過程中很容易由強勢的個人或子群體主導整個討論的方向，任何不同意見或是客觀評估都可能會受到壓制。在時間的壓力下，為了尋求一致性的意見，某些參與者不願對群體的決策進行質疑，因此不落俗套的、少數人的和不受歡迎的觀點不容易被充分地表達出來。

4. 本位主義

不同的利害關係者會從不同的角度定義環境評估問題，大部分的利害關係者更傾向於與切身相關的議題，而忽略了其他利害關係者所關心的內容。例如，經濟主管單位會希望獲得較高的經濟效益，而把低的經濟效益視為問題的徵兆；環境主管單位則偏好較低的環境衝擊，而把較高的環境衝擊視為問題發生的信號。決策過程中如果參與者只在意本身的問題，無法客觀性、整體性的審視問題內容，並與其他單位進行協商與妥協，則決策結果很可能偏離決策目標而傾向於某一個利害關係者。

群體決策的方法眾多如：德爾菲專家問卷法（Delphi method）、名義群體法（Nominal group technique）、焦點團體（Focus group）與階梯法（Stepladder technique）等不同方法。另外，透過問卷與數學法來整合群體決策的結論也是常見而必要的手段。其中，層級分析法（Analytic hierarchy process, AHP）是由 1971 年匹茲堡大學教授 Saaty 所發展出來的一套評估決策方法，它利用系統化與階層化的方式將複雜的決策問題簡化

成由目標層（Goal）、準則層（General criteria）、次要準則層（Secondary criteria）以及候選方案（Alternatives）所組成的層級系統（如表 8.4 所示）。當環境評估問題涉及多目標、多方案、多決策者，且決策因子有複雜的關係時即可利用層級分析法來處理。層級分析法已廣泛的應用於經濟、社會及環境管理領域的決策問題，例如：公共政策評估、區位選擇、供應商評選及系統選擇。

一、層級分析法基本假設

層級分析法的目是將複雜的問題系統化，根據不同的問題面向給予層級分解，並透過問卷方式進行準則（要素）的重要性比較，在賦予準則（要素）權重後進行綜合性的評估，協助決策者進行方案選擇。層級分析法有以下幾項基本假設，這些假設成為層級分析法發展的基礎也是應用時必須考慮的限制：

1. 一個系統可被分解成許多類別及元素而形成簡易的層級結構。
2. 在層級結構中，每一層級的元素均假設為獨立性。
3. 每一層級內的因子可以用上一層級內因子作為基準來進行評估。
4. 在進行評比時，可將絕對數值尺度轉換成比例尺度（Ratio scale）。
5. 成對比較後，使用正倒數矩陣處理。
6. 偏好關係須滿足遞移性（Transitivity）；（A 優於 B 優於 C 則 A 優於 C）；優劣關係及強度關係也具遞移性（A 優於 B 二倍 B 優於 C 三倍則 A 優於 C 六倍）。
7. 需檢驗每一個成對比較的一致性（Consistency）程度。
8. 各因素的優勢程度，可由加權法則求得。
9. 任何因子只要出現階層結構，不論其優勢程度是如何小，均認為與整個評估結構相關，而非只檢核單獨階層結構（陳建忠，2012）。

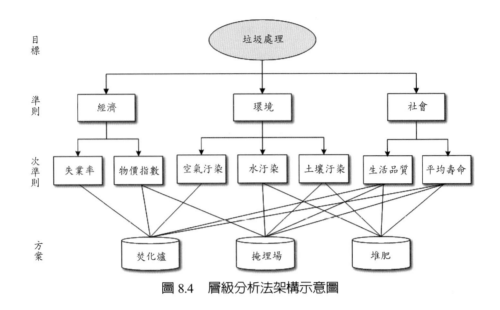

圖 8.4　層級分析法架構示意圖

二、層級分析法的分析程序

　　層級分析法的分析流程包含：問題描述、影響要素分析、建立層級結構、問卷設計、問卷填寫、建立成對比較矩陣、計算特徵值與特徵向量、一致性檢定、權重計算以及方案選擇等幾個主要步驟，以下逐一說明之：

1. 問題描述

　　進行環境評估前必須先依據決策的目的進行範疇界定，以文獻分析或腦力激盪的方式來確認問題的性質、範圍、影響因素以及可用資源等資訊。而為了釐清評估問題的內涵與分析目的，進行問題描述時，也應該盡可能地將評估問題的系統範圍擴大，納入所有利害關係者的意見，在釐清分析問題的前因後果及層級架構後，應進一步構思可能的待選方案。

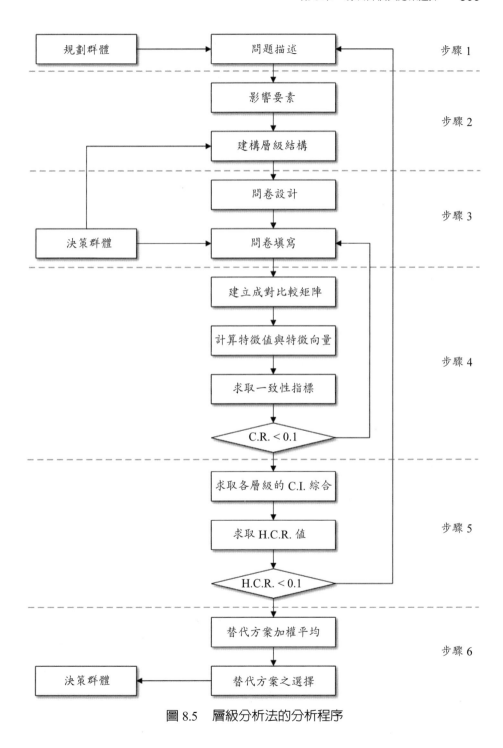

圖 8.5　層級分析法的分析程序

2. 影響要素分析

影響要素分析是多屬性決策的關鍵內容，正確、有代表性的要素選擇才能做出正確的方案選擇。影響要素的選擇必須符合不同利害關係者的期待，技術上則可以利用腦力激盪法及其他技術（如問卷調查、因素分析、群體分析）由相關利害關係者共同決定之。德爾菲問卷法是其中一種常被用來取得群體共識的一種方法，德爾菲專家問卷採用匿名發表意見的方式，專家與利害關係者之間不得互相討論，以避免專家於面對面討論時，因特別強勢意見的存在，或面子問題，而無法達成共識的情況發生。德爾菲問卷法有四個主要步驟，包含：(1) 界定問題（專業性、決策性、前瞻性、預測性的問題）；(2) 界定調查對象族群，即專家群；(3) 執行調查步驟；與 (4) 形成結論或建議。

3. 建立層級結構

層級結構是層級分析法的特色與骨架，它藉由層級化將影響系統的要素組合成許多不同的層級（子系統），並利用後續的問卷分析確認階層中各要素的交互影響與相對重要性。在這個層級架構中，每一層級的子系統只影響下一個層級的子系統，同時僅受上一個層級子系統的影響。層級架構的確定可以從整體目標（Apex）、子目標（Subobjectives）、影響子目標的要素（Factors）、影響要素的人們（People）、人們的目標及政策（Policies）、更遠的策略（Strategies），最後則為從這些策略所得到的結果（Outcomes）等，從而形成多重層級，而層級的多寡端視系統的複雜性與分析所需而定，但通常建議每一層級包含七個以下的元素，在架構時應該盡量將重要性相近的屬性放在同一層級內進行比較且層級內的要素應力求具備獨立性。層級的設計必須仰賴決策者對問題的經驗及了解，因此層級結構並非是不變的，不同決策者在面對同一問題時，通常會建構出二種不同的層級。此時，則必須透過群體協商來達到層級結構與評價的共識。建

立層級結構時，需盡可能的完整的表達問題，但又需避免太過詳細而失去準則的敏感度。相反的，層級結構如果太過於簡化，則會失去描述問題的真實性。

4. 問卷設計與填寫

確認階層中各要素的交互影響與相對重要性，相同層級內的要素進行兩兩的相互比較，這樣子的做法可以減輕評估者的思考負擔，使決策者專注在二個要素之間的比較上。相對性的比較常使用五等、七等或九等量表（如表 8.5 所示）的方式來進行。比九等量表為例，評比尺度劃分成絕對重要、很重要、重要、稍微重要、同等重要，其餘之評比尺度則介於這五個尺度之間。尺度的選取可視實際情形而定，但以不超過九個尺度為原則，否則將造成判斷者之負擔。在問卷之中，針對每個準則屬性設計，以兩兩相比的方式，在 1～9 尺度下讓決策者或各領域的專家填寫，根據問卷調查所得到的結果，將可建立各層級之成對比較矩陣。但必須特別注意的是，填寫問卷的專家或利害關係者的代表性會左右問卷結果的正確性。

5. 計算特徵值與特徵向量

根據問卷調查結果建立成對比較矩陣〔如方程式（8.3）所示〕，再計算各成對比較矩陣的特徵值與特徵向量，同時檢定矩陣的一致性。如果不

表 8.5　問卷尺度表

項目	相對重要性程度																	項目
	絕對重要		很重要		重要		稍重要		同等重要		稍重要		重要		很重要		極重要	
	9	8	7	6	5	4	3	2	1	2	3	4	5	6	7	8	9	
準則 A																		準則 B

符合一致性要求，顯示決策者的判斷前後不一致，則分析者須將問題重新向填答問卷的專家（或利害關係者）清楚的說明，以取得一致性的結果。將取得的成對比較矩陣 A 已通過一致性檢定，則可進行後續的權重計算與方案選擇。特徵向量與特徵值的計算過程說明如下：

(1) 製作準則成對比較矩陣 A，如方程式（8.3）：

$$A = \begin{bmatrix} a_{11} & a_{12} & \cdots & a_{1n} \\ a_{21} & a_{22} & \cdots & a_{2n} \\ \vdots & \vdots & \cdots & \vdots \\ a_{n1} & a_{n2} & \cdots & a_{nn} \end{bmatrix} = \begin{bmatrix} w_1/w_1 & w_1/w_2 & \cdots & w_1/w_n \\ w_2/w_1 & w_2/w_2 & \cdots & w_2/w_n \\ \vdots & \vdots & \cdots & \vdots \\ w_n/w_1 & w_n/w_2 & \cdots & w_n/w_n \end{bmatrix} \qquad (8.3)$$

其中：

$a_{ij} = w_i/w_j$

w_i, w_j 分別為準則 i 與 j 的權重準則所組成的成對比較矩陣 A 為一正倒值矩陣，符合矩陣中各要素為正數，且具倒數特性，如方程式（8.4）與方程式（8.5）：

$$a_{ij} = 1/a_{ji} \qquad (8.4)$$

$$a_{ij} = a_{ik}/a_{jk} \qquad (8.5)$$

(2) 建立特徵方程式

將準則成對比較矩陣 A 乘上各準則權重所成之向量 $\overline{w}$：

$$\overline{w} = (w_1, w_2, \cdots, w_n)' \qquad (8.6)$$

可得方程式（8.7）與方程式（8.8）：

$$A\overline{w} = \begin{bmatrix} w_1/w_1 & w_1/w_2 & \cdots & w_1/w_n \\ w_2/w_1 & w_2/w_2 & \cdots & w_2/w_n \\ \vdots & \vdots & \cdots & \vdots \\ w_n/w_1 & w_n/w_2 & \cdots & w_n/w_n \end{bmatrix} \cdot \begin{bmatrix} w_1 \\ w_2 \\ \vdots \\ w_n \end{bmatrix} \tag{8.7}$$

$$A\overline{w} = n\begin{bmatrix} w_1 \\ w_2 \\ \vdots \\ w_n \end{bmatrix} \tag{8.8}$$

亦即 $$(A - n\mathrm{I})\,\overline{w} = 0 \tag{8.9}$$

因為 a_{ij} 乃為決策者進行成對比較時主觀判斷所給予的評比，與真實的 w_i/w_j 值，必有某程度的差異，故 $A\overline{w} = n\overline{w}$ 便無法成立，因此，Saaty 建議以 A 矩陣中最大特徵值 $\lambda_{\max}$ 來取代 n。

亦即 $$A\overline{w} = \lambda_{\max}\overline{w} \tag{8.10}$$

$$(A - \lambda_{\max}\mathrm{I})\,\overline{w} = 0 \tag{8.11}$$

(3) 建立因子權重

矩陣 A 的最大特徵值之求法，由方程式（8.11）求算出來，所得之最大特徵向量，即為各準則之權重。而最大特徵值之求算，Saaty 提出四種近似法求取，其中又以行向量平均值的標準化方式可求得較精確之結果，見方程式（8.12）。

$$w_i = \frac{1}{n}\sum_{j}^{n}\frac{a_{ij}}{\sum_{i=1}^{n}a_{ij}} \quad i, j = 1, 2, \cdots, n \tag{8.12}$$

6. 一致性檢定

在此理論之基礎假設上，假設 A 爲符合一致性的矩陣，但是由於填卷者主觀之判斷，使其矩陣 A 可能不符合一致性，但評估的結果要能通過一致性檢定，方能顯示填卷者的判斷前後一致，否則視爲無效的問卷。因此 Saaty 建議以一致性指標（Consistence index, C.I.）與一致性比例（Consistence ratio, C.R.）來檢定成對比較矩陣的一致性。

(1) 一致性指標（C.I.）

一致性指標由特徵向量法中求得之 λ_{max} 與 n（矩陣維數）兩者的差異程度可作爲判斷一致性程度高低的衡量基準。當 C.I. =0 表示前後判斷完全具一致性，而 C.I. > 0 則表示前後判斷不一致。Saaty 認爲 C.I. < 0.1 爲可容許的偏誤。

$$C.I. = \frac{\lambda_{max} - n}{n - 1}$$
（8.13）

(2) 一致性比例（C.R.）

根據 Oak Ridge National Laboratory & Wharton School 進行的研究，從評估尺度 1-9 所產生的正倒值矩陣，在不同的階數下所產生的一致性指標稱爲隨機性指標（Random index, R.I.），如表 8.6 所示。在相同階數的矩陣下 C.I. 值與 R.I. 值的比率，稱爲一致性比率 C.R.（Consistency ratio）〔如方程式（8.14）所示〕，若 C.R.<0.1 時，則矩陣的一致性程度使人滿意。

$$C.R. = \frac{C.I.}{R.I.}$$
（8.14）

表 8.6　隨機指標表

階數	1	2	3	4	5	6	7	8
R.I.	0.00	0.00	0.58	0.90	1.12	1.24	1.32	1.41
階數	9	10	11	12	13	14	15	-
R.I.	1.45	1.49	1.51	1.48	1.56	1.57	1.58	-

在判斷各矩陣的一致性，Saaty（1990）根據矩陣的大小，有三個級別的矩陣：

I. 3×3 矩陣的一致性需小於 0.05

II. 4×4 矩陣的一致性需小於 0.08

III.所有矩陣的一致性需小於 0.1

如果 C.R. 值無通過容許範圍時，成對比較矩陣需重新進行比對，重新建構新的矩陣。

7. 方案選擇

　　多準則評估是指決策者面對一些可行的方案，考慮多個的準則時的評估程序。評估的基本構成要素包括方案（Alternative）、評估準則（Criteria）、準則權重（Weight）、評估得點（Evaluation score）、方案績效（Performance），架構如表 8.7 所示：

表 8.7　多準則評估問題基本構成要素

準則權重	評估準則	方案			
		A_1	A_2	......	A_m
W_1	C_1	e_{11}	e_{12}	......	e_{1m}
$\vdots$	$\vdots$	$\vdots$	$\vdots$	....	
W_n	C_n	e_{n1}	e_{n2}	......	e_{nm}
方案表現		S_1	S_2	......	S_m

當計算出層級架構的各評估準則的權重值，接下來便是根據各個方案在不同評估準則的表現水準進行方案優劣的排序，如表 1 中的 S_j 表示第 j 個方案的整體表現水準，其計算公式如方程式（8.15）：

$$S_j = \sum_{i=1}^{n} w_i e_{ij}，n \text{ 爲評估準則的數目} \tag{8.15}$$

案例 8.3：廢棄物方案選擇

　　台中市政府爲了解決龐大的垃圾問題提出三大垃圾處理方案，包括：焚化爐、掩埋場及堆肥方案，並邀請某環境管理團隊評估各方案對於環境的衝擊情況。若經過層級分析法的分析結果，獲得了指標的相對權重，如表 8.8 所示。此外，分析者利用環境模式估算了焚化爐、掩埋場以及堆肥等三個方案，在不同指標項目的衝擊量，則最適合的垃圾處理方案爲？

表 8.8　垃圾處理方案衝擊量

準則（=1）			方案—衝擊評估（e_{ij}）		
			焚化爐	掩埋場	堆肥
經濟	GDP 成長率（W_1）	0.05	36	45	18
	物價指數（W_2）	0.05	20	37	40
環境	空氣汙染（W_3）	0.3	41	81	73
	水體汙染（W_4）	0.2	18	73	32
	土壤汙染（W_5）	0.1	27	88	20
社會發展	生活品質（W_6）	0.15	43	72	32
	平均壽命（W_7）	0.15	30	55	73
方案表現			A	B	C

解答 8.3

依照各方案在經濟、環境及社會發展的衝擊量計算求得值為：

A $= 0.05 \times 36 + 0.05 \times 20 + 0.3 \times 41 + 0.2 \times 18 + 0.1 \times 27 + 0.15 \times 43$
$+ 0.15 \times 30 = 32$

B $= 0.05 \times 45 + 0.05 \times 37 + 0.3 \times 81 + 0.2 \times 73 + 0.1 \times 88 + 0.15 \times 72$
$+ 0.15 \times 55 = 72$

C $= 0.05 \times 18 + 0.05 \times 40 + 0.3 \times 73 + 0.2 \times 32 + 0.1 \times 20 + 0.15 \times 32$
$+ 0.15 \times 73 = 49$

故台中市垃圾處理的最佳方案為焚化爐，因為其所評估求得的方案表現為 32，表示對環境的衝擊最小。

問題與討論

1. 某積體電路公司生產 IC，每個售價 20 元（其中成本 5.4 元），每單位產品產生 3 個單位汙染量（若產量 X1，汙染量 3X1）；汙染量當中 X2，欲不經處理即直接排放，剩下汙染量經過 90% 處理效率設備處理後放流（每單位處理成本 1.0 元），其處理廠最大處理能量只有 9 個單位汙染量；最後排放水若不處理，則要交（2.52 元 / 單位汙染量）給下游的工業區汙水廠，該工廠可放出汙染量上限為 2.5 個單位。試規劃出最大獲利的運作方式。（試列出線性規劃法之目標函數及其限制式即可）（91 年環保行政高等考試一級暨二級考，環境規劃與管理，20 分）

2. 有一線性規劃模式之數學式如下，請問何者是其可行解（Feasible Solution）？（94 年環保行政高等考試三級考，環境品質規劃與管理，

1.25 分）

Maximize z = 2x1 + 3x2

Subject to x1 + 2x2 ≤ 8

   x1 ≤ 4

   x1 ≥ 0; x2 ≥ 0

(A)　(x1, x2) = (2.3)

(B)　(x1, x2) = (5.2)

(C)　(x1, x2) = (6.0)

(D)　(x1, x2) = (1.4)

3. 數學規劃模式具以下何種特性，可稱之爲整數規劃（Integer Programming）？（94 年環保行政高等考試三級考，環境品質規劃與管理，1.25 分）

(A) 目標函數係數爲整數

(B) 限制式係數爲整數

(C) 決策變數爲整數

(D) 最佳解恰爲整數

4. 某一事業廢棄物清理機構具備清理一般事業廢棄物及有害事業廢棄物之能力，其清運容量分別爲：一般事業廢棄物 60 ton/day、有害事業廢棄物 40 ton/day；處理設施不論處理一般事業廢棄物或有害事業廢棄物，其容量皆爲：5 ton/day；該機構設有最小契約清理量，亦即事業廢棄物量須達到：一般事業廢棄物 30 ton/day、有害事業廢棄物 20 ton/day，方進行清運、處理；清理費用則爲：一般事業廢棄物 1000 元 / ton、有害事業廢棄物 3000 元 / ton。請建構一數學規劃模式（僅須建構線性規劃模式，無須求解），以最大化此清理機構之營業收入。（96 年環保行政高等考試一級暨二級考，環境規劃與管理，20 分）

5. 某市擬採用系統分析技術重新規劃垃圾處理系統，在各種條件配合下，希望花費最少經費，處理最多垃圾量，基本資料分列如下（假設）：

清運一噸垃圾成本 400 元

焚化一噸垃圾成本 1000 元

分類一噸垃圾成本 300 元

掩埋一噸垃圾成本 400 元

堆肥一噸垃圾成本 100 元

該市垃圾量每天皆超過 1000 噸，垃圾焚化廠每天至少要焚化 500 噸才合算（焚化之前需分類），適合堆肥之量不超過 200 噸。試列出線性規劃法之目標函數及其限制式即可。（若資料不足請自行假設）（90 年環境工程高等考試三級考，環境規劃與管理，25 分）

6. 假設某一都市每戶每日垃圾平均產生量為 4.4 公斤，共有 10 萬戶，現假設垃圾車每輛每日可收 15 公噸且每日均收集，環保局購買了最少輛的垃圾車來滿足上述需求，每部垃圾車（無論該車是否每日均收滿）需要三人來操作，三人週薪共為 25,000 元，每部車每週操作維護費平均為 5,500 元，在不考慮其他成本（如購車，行政，垃圾處理等成本）下，應該向每戶每週至少收多少錢才夠清運成本？（91 年環境工程高等考試三級考，環境規劃與管理，1.25 分）

(A) 8 元

(B) 9 元

(C) 10 元

(D) 11 元

7. （一）試以數學形式表示數學規劃（又稱優選模式）的結構，並配合以文字說明重要的部分。（二）試以空氣品質管理為例，說明如何建構數

學規劃模式以規劃管理策略，解釋所需要的工作內容。如有需要，請就所考慮項目自行設定參數與符號。（101 年環保行政、環境工程高等考試三級考，環境規劃與管理，30 分）

8. 在處理多面向的環境問題時，常會使用階層分析法（AHP, Analytical Hierarchy Process）。請說明階層分析法的執行步驟。（102 年環保行政、環境工程高考三級，環境規劃與管理，25 分）

參考文獻

「中央管河川劃定水區訂定水體分類檢討計畫」，行政院環境保護署，計畫編號 EPA-96-G103-02-245，2007。

「河川、湖泊及水庫水質採樣通則」，行政院環境保護署，2005。

「海岸生態棲地評估技術研究總報告」，經濟部水利署，頁 3-1，2011。

「國土復育百年大計永續鳥嘴潭人工湖計畫」，水利署電子報第 0013 期，2013。

王駿穩、馮豐隆，「棲息地適宜度指標模式」，台灣林業，28(3)，頁 72-75，2002。

行政院環境保護署空氣品質監測網，網址：http://taqm.epa.gov.tw/taqm/tw/default.aspx。

余騰耀，「國際環境影響評估制度之發展與現況」，中技社，2014/08。

於幼華、黃錦堂、呂雅雯，「永續發展理念下的環境影響評估制度」，環境工程會刊，第 10 卷，第 2 期，頁 104-117，1999。

林信輝、李明儒、孫明德、黃俊仁，「生物整合指標之應用探討」，水土保持學報，第 35 期，第一卷，頁 81-96，2003。

林信輝、李明儒、張世倉、李訓煌，「應用水生昆蟲科級生物指標（FBI）評估溪流水質之研究」，水土保持學報，第 35 期，第 4 卷，頁 425-438，2003。

林建三，「環境規劃與管理」，文笙書局，頁 7-48，2006。

空氣汙染排放量查詢系統，環保署網站，網址：http://teds.epa.gov.tw/new_main1-2.htm，2014

翁煥廷，「探討水源保護區河川汙染水質指標之應用問題」，桃園縣大學

校院產業環保技術服務團，2010。

許宇勝，「公路與軌道建設環境影響評估因素差異性之研究」，碩士論文，逢甲大學交通工程與管理所，2007。

陳建忠，應用網路層級分析法探討具設計彈性新產品開發之關鍵成功因素──以 A 科技公司為例，碩士論文，大同大學工程學院工程管理碩士在職專班，2012。

陳章鵬，「環境影響評估概論」，行政院環境保護署環境影響評估專業人員訓練班講習教材，1990。

陳鶴文等，「台灣中部沿海地區地下水的風險模式」，中華民國環境工程學會土壤與地下水研討會，2012。

劉銘龍，「我國政府政策環境影響評估制度深化與改良之研究─並探討於制度內導入永續性評估之可行性」，博士論文，臺灣大學環境工程學研究所，2005。

"Guidance for Quality Assurance Project Plans for Modeling," USEPA, 2002.

"USEPA Order 5360.1 A2," 2000.

Alexey Voinov, "Systems Science and Modeling for Ecological Economics," Elsevier, London, 2008

Barbara Sowińska-Świerkosz, "Application of surrogate measures of ecological quality assessment: The Introduction of the Indicator of Ecological Landscape Quality," *Ecological Indicators*, 2016

Chang, N. B.; Chang, Y. H.; Chen, Ho-Wen, "Fair fund distribution for a municipal incinerator using GIS-based fuzzy analytic hierarchy process," *Journal of Environmental Management,* 90, 441.454, 2009.

Chen, Ho-Wen*, Ning, S. K., Chen, J. C., "Optimal safe groundwater yield for land conservation in a seashore area under uncertainty," *Resources,*

Conservation & Recycling, 54(8), pp. 481-488, 2010.

Karr JR, "Assessment of biotic integrity using fish communities," *Fisheries* 6(6):21-27, 1981.

Kerry Turner, Stavros Georgiou, Rebecca Clark, Roy Brouwer, Jacob Burke, "Economic valuation of water resources in agriculture," *FAO Water Reports 27*, pp. 24, 2004.

Liang SH and BW Mensel, "A New Method to Establish Scoring Criteria of the Index of Biotic Integrity," *Zoological Studies* 36(3): 240-250, 1997.

Ralf Seppelt, "Computer-Based Environmental Management," WILEY-VCH Verlag GmbH & Co. KGaA, Weinheim, 2003.

Shoemaker, L., M. Lahlou, M. Bryer, D. Kumar, K. Kratt, "Compendium of Tools for Watershed Assessment and TMDL Development," EPA841-B-97-006. Prepared for U.S.EPA Office of Wetlands, Oceans and Watershed, Washington, DC. , 1997.

Stewart Coulter, Bert Bras, and Carol Foley, "A Lexicon of Green Engineering Term," *International Conference on Engineering Design*, 1995.

索 引

國家圖書館出版品預行編目資料

環境評估 : 系統原理與應用／陳鶴文著.
一一初版. 一一臺北市：五南, 2017.04
　面；　公分
ISBN 978-957-11-9094-5（平裝）

1.環境科學　2.環境保護

445.9　　　　　　　　　106003274

5G38

環境評估—系統原理與應用

作　　者 — 陳鶴文（247.8）

發 行 人 — 楊榮川

總 編 輯 — 王翠華

主　　編 — 王正華

責任編輯 — 金明芬

封面設計 — 鄭云淨

出 版 者 — 五南圖書出版股份有限公司

地　　址：106台北市大安區和平東路二段339號4樓

電　　話：(02)2705-5066　　傳　　真：(02)2706-6100

網　　址：http://www.wunan.com.tw

電子郵件：wunan@wunan.com.tw

劃撥帳號：01068953

戶　　名：五南圖書出版股份有限公司

法律顧問　林勝安律師事務所　林勝安律師

出版日期　2017年4月初版一刷

定　　價　新臺幣400元